中国焊接协会指定教材

现代焊接技术与应用培训教程

荣获 2014 年职业教育国家级教学成果二等奖

点焊机器人系统及编程应用

The Programming and Application of Spot Welding Rolot System

杜志忠　刘　伟　编

机械工业出版社

本书以安川点焊机器人为范本，以点焊原理、机器人系统构成、编程指令和在汽车生产中的应用为主线，全面详实地介绍了点焊机器人的原理及应用，对于其他品牌的点焊机器人系统及操作应用同样也能起到触类旁通的效果。本书主要内容包括点焊原理与工艺、点焊机器人及系统构成、点焊机器人编程应用、点焊机器人系统的安装及调试、点焊机器人在汽车生产中的应用、示教编程命令及错误代码等相关内容。本书突出实用性，循序渐进，理论联系实际，并配备了精彩视频可供读者学习。

本书可作为职业技术院校焊接及相关专业的教材，也可作为企业的机器人技能培训教程，还可作为专业技术人员的参考资料。

图书在版编目（CIP）数据

点焊机器人系统及编程应用/杜志忠，刘伟编. —北京：机械工业出版社，2015.3（2024.8 重印）
现代焊接技术与应用培训教程
ISBN 978-7-111-49527-7

Ⅰ.①点… Ⅱ.①杜…②刘… Ⅲ.①焊接机器人-程序设计-技术培训-教材 Ⅳ.①TP242.2

中国版本图书馆 CIP 数据核字（2015）第 044955 号

机械工业出版社（北京市百万庄大街22号 邮政编码100037）
策划编辑：侯宪国 责任编辑：侯宪国 版式设计：赵颖喆
责任校对：刘雅娜 封面设计：张 静 责任印制：张 博
北京雁林吉兆印刷有限公司印刷
2024 年 8 月第 1 版第 2 次印刷
184mm×260mm · 14.75 印张 · 360 千字
标准书号：ISBN 978-7-111-49527-7
定价：39.80 元

电话服务 网络服务
客服电话：010-88361066 机 工 官 网：www.cmpbook.com
　　　　　010-88379833 机 工 官 博：weibo.com/cmp1952
　　　　　010-68326294 金 书 网：www.golden-book.com
封底无防伪标均为盗版 机工教育服务网：www.cmpedu.com

序　一

工业机器人作为现代制造技术发展的重要标志之一和新兴技术产业，已为世人所认同，并正对现代高技术产业诸多领域以至人们的生活产生了重要影响。20世纪80年代末，我国以国产机器人为主的汽车焊接生产线的投入生产，标志着我国工业机器人实用阶段的开始。

焊接机器人是应用最广泛的一类工业机器人，在各类机器人应用比例中占总数的40%~60%。采用机器人焊接是焊接自动化革命性的进步，它开拓了一种"柔性"自动化生产的新方式。

焊接加工一方面要求焊工具有熟练的操作技能、丰富的实践经验、稳定的焊接水平，另一方面，焊接又是一种热辐射大、烟尘多、劳动条件差的工作。焊接机器人的出现，并替代手工焊接，减轻了焊工的劳动强度，同时也可以保证焊接质量和提高焊接效率。

点焊机器人的典型应用领域是汽车工业，一般装配每台汽车车体需要完成3000~4000个焊点，其中的60%是由点焊机器人完成的。点焊机器人具有柔性焊接的特点，根据生产需求，只要改变程序，就可在同一条生产线上对不同的车型进行装配焊接，对生产设备的适应能力大大加强。

随着汽车工业的迅速发展，对装焊岗位人才的需求逐年增加，《点焊机器人系统及编程应用》一书的出版，必将推动我国点焊机器人技术的普及和进步，促进焊接制造工艺的创新与持续发展！

中国机械工程学会监事长

序　二

近年来，从国家政策及行业发展的各种信息表明："机器人革命"有望成为"第三次工业革命"的一个切入点和重要增长点，将影响全球制造业格局，我国将成为全球最大的机器人市场。然而，我们的应用水平和制造能力能不能应对这场变革呢？2014年以来，广东各地相继出台政策，推进"机器人换工人"计划。珠三角不仅要广泛地使用机器人，还要打造机器人或智能装备产业基地，目前已列入珠三角多地未来发展议程，越来越多的企业已开始将机器人应用于产品生产的各个环节。深圳机器人协会秘书长毕亚雷表示：珠三角工业机器人年增速已达30%，有些行业达60%。让"世界工厂"摆脱依赖廉价劳动力的发展模式，是这场工业革命的意义所在。

珠三角的机器人革命是全国工业化转型的一个缩影。由于机器人技术的迅猛发展，以及产业结构调整和设备的升级换代，工业发达地区对焊接机器人技能人才的需求激增，与此发展不相适应的是我国在该领域人才的短缺。从2010年开始，中国焊接协会关注到这一发展趋势，开始在各地建立培训基地并开发培训教材，截至2014年底，已有五家单位挂牌成立中国焊接协会机器人焊接培训基地，初步建立了覆盖国内经济发达区和工业集中区的机器人焊接培训基地，开展机器人培训和取证工作。

在中国焊接协会的指导下，中国焊接协会机器人焊接（厦门）培训基地暨厦门集美职业技术学校的刘伟老师主持编写了焊接机器人教材，填补了我国焊接机器人操作与应用教材的空白，为开展和普及焊接机器人技能人才培养和岗位技能鉴定奠定了坚实基础。焊接机器人应用系列教材共四册，即《焊接机器人基本操作及应用》《中厚板焊接机器人系统及传感技术应用》《机器人离线编程及模拟仿真应用技术》和《点焊机器人系统及编程应用》。编者将多年的企业经验和教学案例融汇在系列教材中，使系列教材的系统性和整体水平得到了很大提升。2014年3月，由中国焊接协会组织，在成都召开了焊接机器人教材评审会，焊接界的知名专家对教材进行反复审核与论证，认为系列教材除讲述焊接机器人编程和焊接工艺外，还应融进机器人基本控制理论、机器人技术参数、机器人系统知识等，以全面反映焊接机器人这一新兴科技产品具有的技术综合性和交叉学科的特点，充分展示了焊接机器人应用领域的新技术、新设备、新工艺和新方法，构建了职业技术教育焊接机器人课程及教学体系，使学习过程更具针对性和实用性。为职业技术教育和企业培训提供了较为系统和规范的教学资源，具有前瞻性和实用性。2014年7月，焊接机器人应用系列教材获得了2014年职业教育国家级教学成果二等奖。

该系列教材已被选定为中国焊接协会机器人焊接培训指定基础教材。目前，协会培训基地面向社会各个层面的人员培训和取证工作已全面开展，随着一批批掌握机器人焊接专业技能人才的陆续走入社会，将缓解周边企业在该岗位的用人之需，促进企业使用机器人的数量和提高应用水平。焊接机器人技术在发展、培训需求不断变化，教材也会与时俱进推陈出新。我们确信：焊接机器人系列教材的正式出版发行必将促进我国焊接机器人应用水平的全面发展！

吴九澎

中国焊接协会副秘书长

前　言

世界上第一台点焊机器人于 1965 年开始使用，它是由美国 Unimation 公司推出的 Unimate 机器人，我国在 1987 年自行成功研制第一台"华宇-Ⅰ型"点焊机器人。

新中国成立以来，在我国汽车整车及零部件生产中，手工点焊（固定式点焊机、悬挂式点焊机和移动式点焊机）和专机点焊占据车身焊接生产的主导地位，劳动强度大，作业环境恶劣，焊接质量不易保证，而且生产的柔性也很差，无法适应现代汽车生产的需要。改革开放以后，焊接机器人及自动生产线逐渐得以应用，提高了汽车零部件生产的自动化水平及生产效率，同时使生产更具有柔性，焊接质量也得到了保证。

由于点焊机器人能够承担人无法胜任的工作、具有质量稳定可靠以及更高的柔性等优点，在汽车制造中的技术和经济优势明显，随着我国汽车产业的飞速发展，汽车制造企业机器人应用比例逐年递增。然而，国内的职业院校和培训机构普遍存在"重弧焊、轻点焊"现象，使得点焊机器人的教材资源非常稀少，给点焊机器人应用技术的教学和培训带来一定困难。

为满足根据汽车产业的发展对点焊机器人应用人才的需求，在中国焊接协会的授意和指导下，特编写了《点焊机器人系统及编程应用》。本书以安川点焊机器人为范本，以点焊原理、焊接机器人系统构成、编程指令和在汽车生产中的应用为主线，全面详实地介绍了点焊机器人原理及应用，对于其他品牌的点焊机器人系统及操作应用同样也能起到触类旁通的效果。本书还配有大量的企业生产视频和应用案例，读者可扫描下面二维码下载观看。这些视频便于读者了解和学习点焊机器人系统和汽车生产线的基本知识。本书可作为职业技术院校焊接及相关专业的教材，也可作为企业的机器人技能培训教程，还可作为专业技术人员的参考资料。全书共 6 章，厦门集美职业技术学校的杜志忠校长编写了第 4、6 章，刘伟老师编写了第 1、2、3、5 章并进行统稿，唐山松下产业机器有限公司的王玉松老师，安川电机（中国）有限公司的周嘉康先生提供了部分点焊素材和案例，华侨大学的周广涛博士和集美职校的郭广磊、关强老师参与了全书的审核工作。

本书编写过程中，还得到了厦门思尔特机器人系统有限公司、东南（福建）汽车工业有限公司、福建戴姆勒-奔驰汽车有限公司、安川电机（中国）有限公司、库卡机器人（中国）有限公司等有关单位的支持；中国机械工程学会的宋天虎监事长欣然为本书作序，并寄予殷切期望；中国工程院林尚扬院士得知机器人系列教材陆续出版的情况后，特赠签名，在此一并深表感谢！

由于编者水平有限，书中难免有疏漏和错误，敬请读者提出宝贵意见！

编　者

目　录

第1章 点焊原理与工艺

1.1 点焊原理

1.1.1 电阻焊的分类及特点

1. 焊接方法的分类

按照焊接方法来分类，点焊是电阻焊的一种，属于压焊的范畴，如图1-1所示。

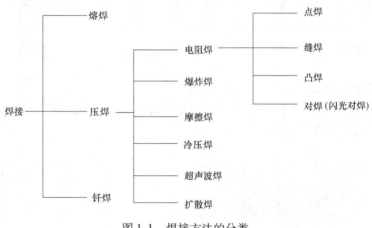

图1-1 焊接方法的分类

2. 电阻焊的特点

优点：

1）热量较集中，加热时间较短，且焊接变形较小。

2）冶金过程比较简单。

3）能适应多类同种及异种金属的焊接。

4）工艺过程简单，易于实现机械化及自动化。

5）焊接生产率较高，成本较低。

6）劳动环境较好，污染较小。

缺点：

1）设备一次投资费用较大，设备复杂，对维修人员技术要求较高。

2）电网容量较大，且多为单相，易造成电网不平衡。

3）缺少简便、实用的无损检测手段。

3. 电阻焊在汽车生产中的应用概况

在汽车零部件的生产中广泛地采用了点焊、凸焊、缝焊、对焊等焊接工艺，例如，汽车白车身点焊、横梁总成托架点焊、传动轴平衡片凸焊、汽车燃油箱缝焊、汽车轮圈连续闪光对焊等。其中，点焊是一种高速、经济的连接方法，它适用于搭接、接头不要求气密、厚度小于 4mm 的冲压、轧制的薄板构件，要求金属有较好的塑性。本书将着重介绍点焊机器人及系统在汽车生产中的应用（参见配套光盘视频-（11）机器人制造企业设备性能展示）。

1.1.2 点焊的基本原理

1. 点焊熔核的形成过程

电阻点焊，其英文缩写为 RSW，简称点焊，是焊件装配成搭接接头，并压紧在两电极之间，利用电阻热熔化母材金属，形成焊点的电阻焊方法，如图 1-2 所示。

点焊时，由于两工件间接触处电阻较大，所以当通过足够大的电流时，在板的接触处产生大量的电阻热，将中心最热区域的金属很快加热至高塑性或熔化状态，形成一个透镜形的液态熔核，熔化区温度由内至外逐级降低。断电后继续保持压力或加大压力，使熔核在压力下凝固结晶，形成组织致密的焊点，如图 1-3 所示。

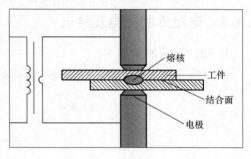

图 1-2　点焊的基本原理

在电极与工件的接触处，由于所产生的热量被导热性好的铜（或铜合金）电极及冷却水带走，温升有限，所以不会出现焊合现象。点焊焊点的形成过程如图 1-4 所示。

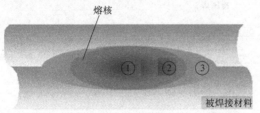

熔核成长顺序为①焊核区→②热力影响区→③热影响区

a) 点焊熔核成长示意图

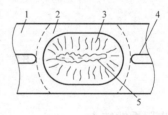

b) 点焊熔核剖面示意图

图 1-3　点焊熔核成长和剖面示意图

1—焊件　2—塑性环　3—熔核　4—板缝　5—接合面

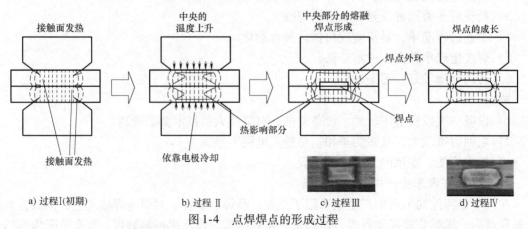

a) 过程 I（初期）　　b) 过程 II　　c) 过程 III　　d) 过程 IV

图 1-4　点焊焊点的形成过程

综上所述,点焊的两个基本要素是内部热源和外部压力。点焊过程可以概括为彼此衔接的四个阶段:第一阶段,焊件在电极间预先压紧;第二阶段,通电后把焊接区加热到一定温度;第三阶段,中央部分形成熔核;第四阶段,在电极压力作用下冷却结晶后形成焊点。点焊时,由于一定直径电极的加压,使被焊工件变形,并且仅在焊接区紧密接触处形成电流通道,而其他部分均不构成电流通道,从而得到极高的电流密度。因此,所加压力与工件刚度有关。

按照对工件焊点的通电方向,点焊通常分为双面点焊和单面点焊两大类。双面点焊的两电极位于工件的两侧,电流通过工件的两侧形成焊点,是点焊机器人通常所采用的焊接方法,如图 1-5 所示;单面点焊的两电极位于工件的一侧,用于电极难以从工件两侧接近工件,或工件一侧要求压痕较浅的场合。

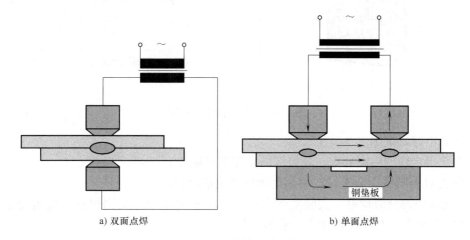

a) 双面点焊　　　　　　　　b) 单面点焊

图 1-5　双面点焊和单面点焊

2. 点焊的热源与影响加热的因素

(1) 点焊的热源　电阻点焊的热源是电阻热,符合焦耳定律 $Q = I^2Rt$［其中,Q 为发热量 (J);I 为焊接电流 (A);R 为电阻 (Ω);t 为通电时间 (s)］,其焊接电流、两电极之间的电阻及通电时间是决定点焊的发热量 (内部热源) 的三大因素,但其中大部分热量用来形成点焊的焊点。形成一定焊点所需的电流与通电时间有关,若通电时间很短,则点焊时所需的电流将增大,如图 1-6 所示。

(2) 热平衡及散热　点焊时产生的热量只有较少部分用于形成熔核,较多部分因向邻近物质的传导和辐射而损失掉,如图 1-7 所示。

其热平衡方程式为

$$Q(总热量) = Q_1 + Q_2 + Q_3 + Q_4$$

其中,有效热量 Q_1 取决于金属的热物理性质及熔化金属量,而与焊接条件无关,参考数值 $Q_1 \approx 10\% \sim 30\% Q$。对于电阻率低、导热性好的金属 (铝、铜合金等),Q_1 取下限;而对于电阻率高、导热性差的金属 (不锈钢、高温合金等),Q_1 取上限。

损失的热量主要包括通过电极传导的热量 ($Q_2 \approx 30\% \sim 50\% Q$)、通过工件传导的热量 ($Q_3 \approx 20\% Q$)、辐射到大气中的热量 Q_4 (约占 5%)。点焊的一些特点主要体现在以下 3 个方面:

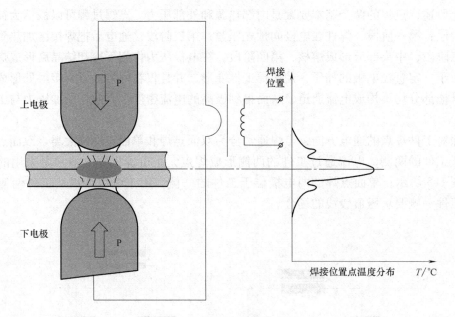

图1-6　通电中温度分布图

1）加热迅速、集中。

2）为获得合理的温度分布，焊接区的散热非常重要。

3）加热过程与被焊金属材料的热物理性质关系密切。

（3）点焊中的分流现象　实际点焊中，有少部分电流通过周围焊点形成电流通道，散失在周围的金属中，点焊时的分流现象如图1-8所示。

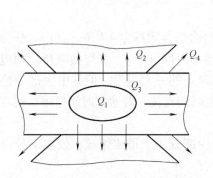

图1-7　热平衡及散热示意图

注：Q_1 为加热焊接区母材金属形成熔核的热量；Q_2 为通过电极热传导损失的热量；Q_3 为通过焊接区周围金属热传导损失的热量；Q_4 为通过对流、辐射散失到空气介质中的热量。

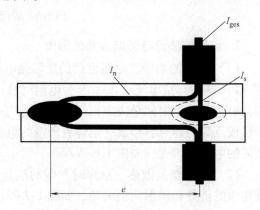

图1-8　点焊时的分流现象

注：$I_s = I_{ges} - I_n$ 其中，I_s 为焊接电流；I_{ges} 为电极总电流；I_n 为分流电流。

点距越小，板材越厚，材料导电性越好，则分流越严重。严重的分流现象会导致能量损耗和焊接质量难以保证。同时，焊件表面状态对分流的影响也较明显，表面处理不良时，油污和氧化膜使接触电阻增大，导致焊接区总电阻增大，分路电阻相对减小，使分流增大。

（4）焊接区电阻及其变化规律　接触电阻的形成原因是焊件表面的微观凸凹不平及不良导体层引起的。点焊时电流线的分布和电流通过焊件间接触点的情况，如图 1-9 所示。

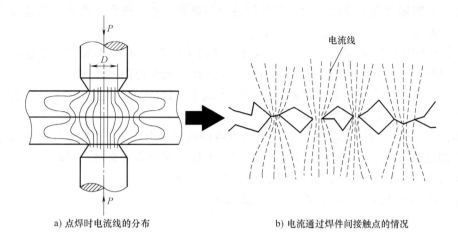

a) 点焊时电流线的分布　　　　　　　　b) 电流通过焊件间接触点的情况

图 1-9　点焊时电流线的分布和电流通过焊件间接触点的情况

点焊时焊接区存在三种类型的电阻，并且两电极之间的电阻 R 随电阻焊方法的不同而不同，如图 1-10 所示。

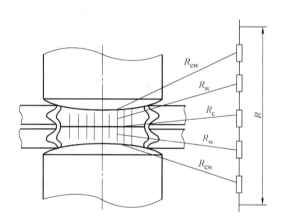

图 1-10　点焊焊接区等效电路图

注：R 为焊接区总电阻；R_w 为焊件内部电阻；R_c 为焊件间接触电阻；R_{cw} 为电极与焊件间接触电阻。

点焊区的总电阻 R 是由两焊件的内部电阻 R_w、两焊件之间的接触电阻 R_c 和电极与焊件之间的接触电阻 R_{cw} 组成的，即 $R = 2R_w + R_c + 2R_{cw}$，各部分的电阻值计算方法如下：

1）焊件内部电阻 R_w。电流通过焊件而产生的电阻热与焊件本身电阻有关，该电阻的计算公式为

$$2R_w = K_1 K_2 \rho \frac{\delta_1 + \delta_2}{S}$$

式中　ρ——焊接区金属的电阻率；

　δ_1、δ_2——两焊件厚度（mm）；

　　S——对应于电极接触面积（mm²）；

K_1——边缘效应引起电流场扩展的系数，为 0.82~0.84；

K_2——绕流现象引起电流场扩展的系数，为 0.8~0.9，硬规范选低值，软规范选高值。

由于 ρ 一般随温度升高而增大，所以加热时间越长，电阻越大，产生热量越多，对形成焊点的贡献越大。

2) 接触电阻（$R_c + 2R_{cw}$）。接触电阻是一种附加电阻，通常是指在点焊电极压力下所测定的接触面（焊件-焊件接触面、焊件-电极接触面）处的电阻值。

影响接触电阻的主要因素为表面状态和电极压力。钢的加热温度为 600℃、铝的加热温度为 350℃ 时的接触电阻接近为零。

电阻点焊焊件间的接触电阻 R_c、电极与焊件间的接触电阻 R_{cw}、两焊件的内部电阻 R_w、点焊过程的电流分流、焊接电流、通电时间与电极压力等因素均会对点焊时的加热产生一定影响。焊接过程中焊件内部电阻的变化曲线如图 1-11 所示。

接触电阻与电极压力间的关系如图 1-12 所示。

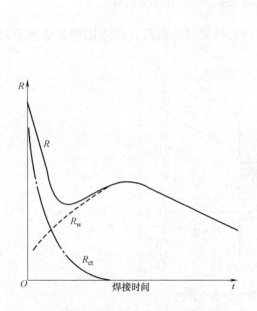

图 1-11　焊接过程中焊件内部电阻的变化曲线

注：R_w 为工件本身电阻；R_{ct} 为接触电阻（$R_{ct} = R_c + 2R_{cw}$）；R 为焊接区总电阻（$R = R_w + R_{ct}$）。

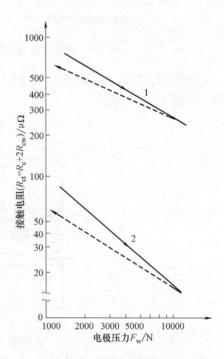

图 1-12　接触电阻与电极压力间的关系

注：板厚为 1mm；1—低碳钢；2—铝合金。

1.1.3　点焊电极

1. 点焊电极的功能

点焊电极是保证点焊质量的重要零件，其主要功能有：向工件传导电流；向工件传递压力；迅速导散焊接区的热量。常用的点焊电极形式如图 1-13 所示。

2. 电极材料的要求

基于电极的上述功能，就要求制造电极的材料具有足够高的电导率、热导率和高温硬

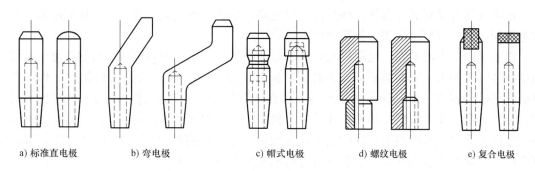

| a) 标准直电极 | b) 弯电极 | c) 帽式电极 | d) 螺纹电极 | e) 复合电极 |

图 1-13　常用的点焊电极形式

度，电极的结构必须有足够的强度和刚度，以及充分冷却的条件。此外，电极与工件间的接触电阻应足够低，以防止工件表面熔化或电极与工件表面之间的合金化。

3. 常见电极材料

电极材料按我国航空航天工业部航空工业标准 HB 5420—1989 的规定分为四类，常用的有三类。

1）1 类材料为高电导率、中等硬度的铜及铜合金。这类材料主要通过冷作变形方法达到其硬度要求。它适用于制造焊铝及铝合金的电极，也可用于镀层钢板的点焊，但性能不如 2 类合金。1 类合金还常用于制造不受力或低应力的导电部件。从表 1-1 可知，三类合金中，铬铌铜、铬锆铌铜和钴铬硅铜的性能较优，已被广泛使用，其牌号分别称为 DJ70、DJ85和 DJ100。

表 1-1　常见材料性能

材　　料	名　　称	品　　种	材料性能			
			硬度		电导率 /（MS/m）	软化温度 /℃
			HV30kg	HRB		
			不小于			
CuCrNb	铬铌铜	冷拔棒锻件	85	53	56	150
CuCrZrNb	铬锆铌铜	冷拔棒锻件	90	53	45	250
CuCo2CrSi	钴铬硅铜	冷拔棒锻件	183	90	26	600

此外，还有一种钨-铜混合烧结材料，这种材料适用于热量高、焊接时间长、冷却不足或压力高的场合。如用于铜板点焊的复式电极、凸焊用镶嵌电极或线材交叉焊电极等，随着含钨量的增加，材料的强度和硬度提高，但导电性和导热性均降低。

2）2 类材料具有较高的电导率，硬度高于 1 类的合金。这类合金可通过冷作变形与热处理相结合的方法达到其性能要求。与 1 类合金相比，它具有较高的力学性能，适中的电导率，在中等程度的压力下，有较强的抗变形能力。因此，它是最通用的电极材料，广泛用于点焊低碳钢、低合金钢、不锈钢、高温合金、电导率低的铜合金，以及镀层钢等。2 类合金还适用于制造轴、夹钳、台板、电极夹头等电阻焊机中各种导电构件。

3）3 类材料的电导率低于 1 类和 2 类，硬度高于 2 类的合金。这类合金可通过热处理或冷作变形与热处理相结合的方法达到其性能要求。这类合金具有更高的力学性能和耐磨性能好，软化温度高，电导率较低。因此，适用于点焊电阻率和高温高强度的材料，如铬锆铜，这类金属有良好的导电性、导热性、硬度高、耐磨抗爆、抗裂性以及软化温度高，焊接时电极损耗少、焊接速度快、焊接总成本低等特点。

随着工业生产的需要，电阻焊在高速、高节奏的生产流程中对电极材料的强度、软化点和导电性能等提出了更高的要求。颗粒强化铜基复合材料（又称为弥散强化铜）作为新型电极材料已受到重视并广泛采用。这是一种在铜基体中加入或通过一定的工艺措施制成微细、弥散分步、又具有良好热稳定性的第二相粒子，该粒子可阻碍位错运动，提高了材料的室温强度，同时又可阻碍再结晶的发生，从而提高了它的高温强度，如 Al_2O_3-Cu、TiB_2-Cu 复合材料。典型弥散强化铜电阻焊电极材料的成分性能见表1-2。

表 1-2 典型弥散强化铜电阻焊电极材料的成分性能

材料质量分散 （质量分数,%）	抗拉强度/MPa	伸长率(%)	电导率(%)IACS	适 用 范 围
Cu-0.38Al₂O₃	490	5	84	适用于汽车制造，使用寿命为铬铜点焊电极的 4~10 倍
Cu-0.94Al₂O₃	503	7	83	
Cu-0.16Zr-0.26Al₂O₃	434	8	88	
Cu-0.16Zr-0.94Al₂O₃	538	5	76	

4. 点焊电极的结构

点焊电极的结构可分为标准直电极、弯电极、帽式电极、螺纹电极和复合电极五种。

点焊电极由四部分组成，即端部、主体、尾部和冷却水孔。标准直电极是点焊中应用最为广泛的一种电极，电极各部位的名称如图1-14所示。

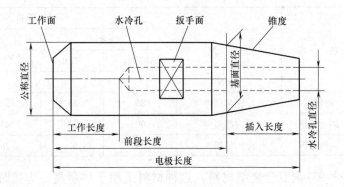

图 1-14 电极各部位的名称

根据点焊电极工作面的不同，标准电极（即直电极）的代号和形式有六种，如图1-15所示。

电极的端面直接与高温的工件表面接触，在焊接生产中反复经受高温和高压。因此，粘附、合金化和变形是电极设计中应着重考虑的问题。

5. 点焊电极的主要参数

1）主要物理指标：硬度大于75HRB，电导率大于75% IACS，软化温度为550℃，见表1-3。

2）主要化学成分见表1-4。

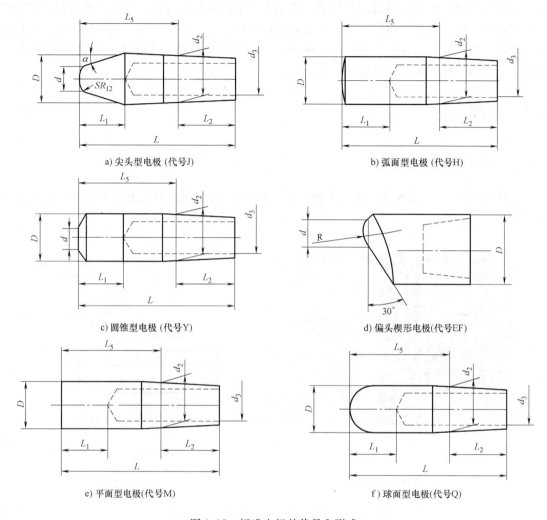

a) 尖头型电极 (代号J)
b) 弧面型电极 (代号H)
c) 圆锥型电极 (代号Y)
d) 偏头楔形电极(代号EF)
e) 平面型电极(代号M)
f) 球面型电极(代号Q)

图1-15　标准电极的代号和形式

表1-3　主要物理指标

密度/(g/cm³)	抗拉强度/(N/mm²)	硬度 HV	伸长率(%)	电导率(20℃)IACS(%)	热导率(20℃)/(W/m·k)
8.9	≥380	110~145	≥15	≥75	330

表1-4　主要化学成分

名称	Al	Mg	Cr	Zr	Fe	Si	P	杂质总和
铬锆铜	0.1~0.25	0.1~0.25	0.1~0.8	0.3~0.6	0.5	0.5	0.1	0.5

6. 点焊电极的品质要求

1）电导率测量用涡流电导仪，测三点取平均值大于或等于 44MS/M。

2）硬度以洛氏硬度标准，取三点的平均值大于或等于 78HRB。

3）软化温度实验的炉温 550℃保持 2h 后，淬水冷却后与原始硬度比较不能降低 15% 以上。

电阻焊电极一般通过热处理与冷加工相结合的方法来保证性能，它可以获得最佳的力学性能和物理性能，铬锆铜用作一般用途的电阻焊电极，主要作为点焊或缝焊低碳钢、镀层钢板的电极，也可以作为焊低碳钢时的电极握杆、轴和衬垫材料，或作为凸焊机的大型模具、夹具、不锈钢及耐热钢用模具或镶嵌电极。

1.2　点焊工艺

1.2.1　点焊的规范及参数

点焊的四大规范及参数是焊接电流、通电时间、电极压力和电极形状（尺寸），如图1-16所示。

a) 实际点焊图　　　　　　　　　　b) 点焊的四大规范

图 1-16　实际点焊图和点焊的四大规范及参数

1. 焊接电流（I_ω）

析出热量与电流的二次方成正比，所以焊接电流对焊点性能的影响最敏感。在其他参数不变时，当焊接电流小于某值则熔核不能形成，超过此值后，随焊接电流增加熔核快速增大，如图1-17所示，焊点强度上升（AB 段），而后因散热量的增大其熔核增长速度减缓，焊点强度增加缓慢（BC 段），若进一步增大电流则导致产生飞溅，焊点强度反而下降。由于点焊时接近 C 点处，抗剪强度增加缓慢，越过C 点后，产生飞溅或工件表面压痕过深，抗剪强度明显降低，所以一般建议选用对熔核直径变化不敏感的适中电流（BC 段）来焊接。

根据焊接时间长短和焊接电流大小，常把点焊

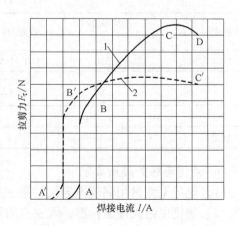

图 1-17　电流与拉剪力（F_τ）的关系

1—厚 1.6mm 以上的板　2—厚 1.6mm 以下的板

焊接规范分为硬规范和软规范。

1）硬规范是指在较短时间内通以大电流的规范。它的生产率高，焊接变形小，电极磨损慢，但要求设备功率大，规范应精确控制。适合焊接导热性能较好的金属。

2）软规范是指在较长时间内通以较小电流的规范。它的生产率低，但可选用功率小的设备焊接较厚的工件。适合焊接有淬硬倾向的金属。

在实际生产中，焊接电流的波动有时很大，其原因有以下几点：

1）电网电压本身波动或多台设备同时通电。

2）铁磁体焊件伸入焊接回路的变化。

3）前点对后点的分流等。

除选择对焊接电流变化较不敏感的参数外，解决上述问题的方法是反馈控制。目前最常用的有网压补偿法、恒流法与群控法。网压补偿法可用于所有情况；恒流法主要用于第 2 种情况，但不能用于第 3 种情况；群控法仅用于第 1 种情况。

2. 焊接时间（t_ω）

通电时间的长短直接影响热输入的大小，在目前采用的同期控制点焊机上，通电时间是周（我国一周为 20ms）的整倍数。在其他参数固定的情况下，只有通电时间超过某最小值时才开始出现熔核，而后随通电时间的增长，熔核先快速增大，拉剪力亦提高。当选用的电流适中时，进一步增加通电时间，熔核增长变慢，渐趋恒定。如果加热时间过长，组织变差，正拉力下降，塑性指标（延性比 F_σ/F_τ）随之下降。当选用的电流较大时，熔核长大到一定极限后会产生飞溅。

3. 电极压力（F_w）

电极压力的大小一方面影响电阻的数值，从而影响析出热量的多少，另一方面影响焊件向电极的散热情况。过小的电极压力将导致电阻增大、析出热量过多且散热较差，引起前期飞溅；过大的电极压力将导致电阻减小、析出热量少、散热良好、熔核尺寸缩小，尤其是焊透率显著下降。因此，从节能角度来考虑，应选择不产生飞溅的最小电极压力。此值与电流值有关，建议参照临界飞溅曲线，如图 1-18 所示。

建议选用临界飞溅曲线附近无飞溅区内的工作点。焊接参数之间的相互关系以及选择焊接电流和电极压力的适当匹配，这种配合是以焊接过程不产生飞溅为主要特征，图 1-18 中曲线左半区为无飞溅区，电极压力 F_w 越大而电流 I 越小，但是焊接压力选择过大而造成固相焊接（塑性环）范围过宽，导致焊接质量不稳定。曲线右半区为飞溅区，因为电极压力不足，加热速度过快而引起飞溅，使得焊接接头质量严重下降。当规范选在飞溅临界曲线附近（无飞溅区内），可获得最大熔核的最高拉伸载荷。

综上所述，电极压力、焊接电流、通电时间的数值关系归纳为以下几点：

1）减少非焊接物的接触阻力，防止局部加热，确保产生均一的焊点和焊接强度。电极压力过低，焊接金属力量消失，易产生外环、裂缝等；电极压力过大会致使工件表面压痕，阻值

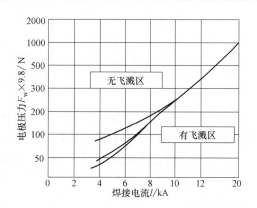

图 1-18　电极压力与焊接电流的关系

变小。

2）焊接电流过小，焊接强度不够，焊点尺寸不足；焊接电流过大则会发生焊接金属力量消失，表面凸凹不平。

3）通电时间过长，热损失越大（过热），热影响区越大，越易产生热变形。

4. 电极工作面的形状和尺寸

点焊电极工作面的形状和尺寸如图 1-19 所示。

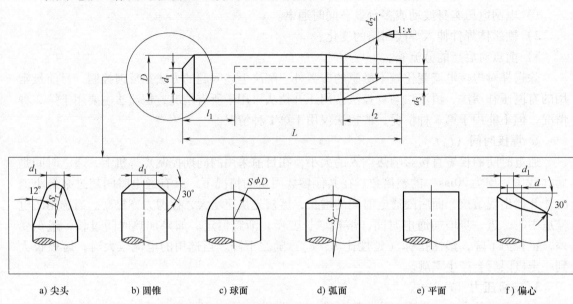

a) 尖头　　　　b) 圆锥　　　　c) 球面　　　　d) 弧面　　　　e) 平面　　　　f) 偏心

图 1-19　点焊电极工作面的形状和尺寸

点焊电极工作面的尺寸见表 1-5。

表 1-5　点焊电极工作面的尺寸　　　　　　　（单位：mm）

D	d_1	d_2	d_3	L	l_1	l_2	e	S_r	1:x
10	4	9.8	5.5	29~63	14	18	2	25	
18	5	12.7	8	32~79	15	16	8	32	1:10
16	6	15.5	10	40~100	16	20	4	40	圆锥角
20	8	19	12	60~105	17	25	5	50	5°43′29″
25	10	24.5	14	67~112	18	32	6.5	63	
32	—	31	18	72~120	20	40	—	80	1:5
40	—	39	20	90~130	25	50	—	100	圆锥角 11°25′16″

点焊时各参数是相互影响的，大多数场合均可选取多种参数的组合。目前常用材料的点焊参数均可在资料中以表格或计算图形式找到，但采用前应根据具体条件做调整试焊。

机器人点焊主要采用球面形和锥台形两种电极。球面形的端部圆弧半径 R 或锥台形的端面直径 d 的大小，决定了电极与焊件接触面积的多少，在同等电流时，它决定了电流密度大小和电极压强分布范围。一般应选用比期望获得熔核直径大 20% 左右的工作面直径所需的端部尺寸，其次由于电极是内水冷却，电极上散失的热量往往高达 50% 的输入总热量，因此，端部工作面的波动或水冷孔端到电极表面的距离变化均将严重影响散热量的多少，从而引起熔核尺寸的波动。所以，要求锥台形电极工作面直径在工作期间每增大 15% 左右必须修复。而水冷孔端至表面距离在耗损至仅存 3~4mm 时即应更换新电极。由于材料表面状态及清理情况每批不尽相同，生产车间网压有波动、设备状况有变化，为保证焊接质量，避免批量次品，往往希望事先取得焊接参数允许波动的区间。所以大批量生产的场合，对每批材料、每台刚大修后的设备须做点焊时允许参数波动区间的试验，其试验步骤如下：

1）确定质量指标，例如，熔核直径或单点拉剪力的上下限。

2）固定其他参数，做某参数（如电流）与质量指标的关系曲线，而后改变固定参数中之一（如通电时间），再做焊接电流与质量的关系曲线，如此获得关系曲线族。

3）再把质量指标中合格部分用作图法形成这两个参数（如电流与时间）允许波动区间的叶状曲线。

依此可同样获得如焊接电流与电极压力等的叶状曲线，在生产中把参数控制在叶状曲线内的工作点上即可。

通常是根据工件的材料和厚度，参考该种材料的焊接条件表选取电极工作面，首先确定电极的端面形状和尺寸，其次初步选定电极压力和焊接时间，然后调节焊接电流，以不同的电流焊接试样，经检查熔核直径符合要求后，再在适当的范围内调节电极压力、焊接时间和电流，进行试样的焊接和检验，直到焊点质量完全符合技术条件所规定的要求为止。

同时，选择规范参数时，要充分考虑试样和工件在分流、铁磁性物质影响，以及装配间隙方面的差异，并适当加以调整。

1.2.2　点焊规范所包括的要素

（1）焊钳加压力　通常以"N"或"kg"来计算，两者的换算关系为 1kg = 9.8N。

（2）焊接电流　以"A"（安培）计量。

（3）时间　以"cyc（周波）"和"ms（毫秒）"计量。在我国，通常使用的交流电频率为 50Hz，换算关系为 1cyc（周波）= 1/50ms = 20ms，这个"时间"包括点焊过程中各阶段的时长的计量，如预压时间、加压时间、冷却时间、通电时间、保持时间等。

（4）焊钳变压器的输出电流性质　一般是指工频或中频，因其焊钳点焊控制器的不同而不同。工频焊钳采用普通的交流变压器，输出交流；中频焊钳配备了逆变变压器，将50Hz 的交流电经过变频，输出的频率为 500~2000Hz。

1.2.3　焊接循环

焊接循环是指在电阻焊中完成一个焊点（缝）所包括的全部程序。点焊过程由预压、焊接、维持和休止四个基本程序组成焊接循环，必要时可增附加程序，其基本参数为电流和电极力随时间变化的规律。点焊焊接循环过程如图 1-20 所示。

1. 预压（$F > 0$，$I = 0$）

这个阶段包括电极压力的上升和恒定两部分。为保证在通电时电极压力恒定，必须保证预压时间，尤其当需连续点焊时，须充分考虑焊机运动机构动作所需时间，不能无限缩短。

预压的目的是建立稳定的电流通道，以保证焊接过程获得重复性好的电流密度。对厚板或刚度大的冲压工件，有条件时可在此期间先加大预压力，然后再恢复到焊接时的电极力，

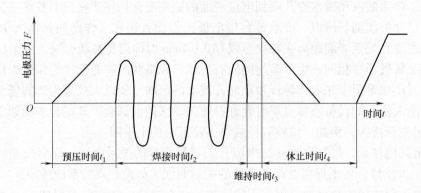

图 1-20　点焊焊接循环过程

使接触电阻恒定而又不太小，以提高热效率。点焊时电流 I 及电极压力 F 的变化如图 1-21 所示。

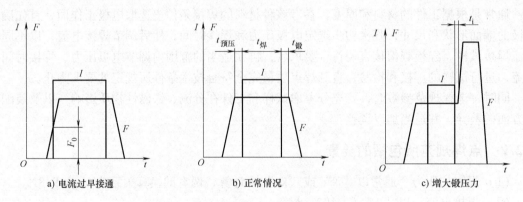

a) 电流过早接通　　　　b) 正常情况　　　　c) 增大锻压力

图 1-21　点焊时电流 I 及电极压力 F 的变化

2. 焊接 ($F = F_\omega$, $I = I_\omega$)

这个阶段是焊件加热熔化形成熔核的阶段。焊接电流可基本不变（指有效值），亦可为渐升或阶跃上升。在此期间，焊件焊接区的温度分布经历复杂的变化后趋向稳定。起初输入热量大于散失热量，温度上升，形成高温塑性状态的连接区，并使中心与大气隔绝，保证随后熔化的金属不氧化，然后在中心部位首先出现熔化区。随着加热的进行熔化区扩大，而其外围的塑性壳（在金相试片上呈环状故称塑性环）亦向外扩大，最后当输入热量与散失热量平衡时达到稳定状态。当焊接参数适当时，可获得尺寸波动小于 15% 的熔化核心。在此期间可产生下列现象：

（1）液态金属的搅拌作用　液态金属通电时受电磁力作用而产生漩涡状流动，当把熔核视作地球状且电极端处为二极，其运动方向为赤道部分由周围向球心流动而后流经两极再沿外表向赤道呈封闭状流动。对于同种金属点焊，搅拌仅需将焊件表面的氧化膜搅碎即可，但异种金属点焊时，必须充分搅拌以获得均质的熔化核心。若通电时间太短，搅拌不充分将产生漩涡状的非均质熔核。

（2）飞溅　飞溅按产生时期可分为前期和后期两种；按产生部位可分为内飞溅（处于两焊件间）和外飞溅（焊件与电极接触侧）两种。

1）前期飞溅产生的原因大致是：焊件表面清理不佳或接触面上压强分布严重不匀，造成局部电流密度过高而引起早期熔化，此时因无塑性环保护必发生飞溅。由于电极压力不足造成的焊件间飞溅，如图 1-22 所示。

防止前期飞溅的措施有：加强焊件清理质量，注意预压前的对中。有条件时可采用渐升电流或增加预热电流来减慢加热速度，避免早期熔化而引起飞溅。

2）后期飞溅产生的原因是：熔化核心长大过度，超出电极压力有效作用范围，从而冲破塑性环在径向造成内飞溅，在轴向冲破板表面造成外飞溅。这种情况一般产生在电流较大、通电时间过长的场合。可用缩短通电时间及减小电流的方法来防止。

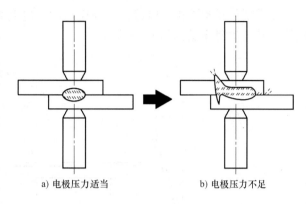

a) 电极压力适当　　　　b) 电极压力不足

图 1-22　焊件间的飞溅

3）外飞溅首先影响外观，其次产生的疤痕影响耐腐蚀及疲劳性能。内飞溅的残迹有可能在运行时脱落，如进入管路（如油管）将造成堵塞等严重事故。

（3）胡须　在加热到半熔化温度的熔核边缘，当某些材料（如高温合金）中低熔点夹杂物较多聚集在晶界处时，这部分杂质首先熔化并在电极压力的作用下被挤出呈空隙。在随后的过程中，空间有时能被液态金属充填满，但亦可能未充填满，这种组织形貌在金相试样上称为胡须，而未充填满的胡须犹如裂纹是一种危险缺陷。

3. 维持（$F > 0$，$I = 0$）

此阶段不再输入热量，熔核快速散热且冷却结晶。结晶过程遵循凝固理论。由于熔核体积小，且夹持在水冷电极间，冷却速度极高，一般在几个周波内凝固结束。由于液态金属处于封闭的塑性壳内，若无外力，冷却收缩时将产生三维拉伸应力，极易产生缩孔、裂纹等缺陷，故在冷却时必须保持足够的电极压力来压缩熔核体积，补偿收缩。对厚板、铝合金和高温合金等工件希望增加顶锻力来达到防止缩孔、裂纹的目的，这时必须精确控制加顶锻力的时刻，过早则液态金属因压强突然升高而使塑性环被冲破，产生飞溅；过晚则因凝固缺陷已形成而无效。此外，加后热缓冷电流，降低凝固速度，亦有利于防止缩孔和裂纹的产生。

4. 休止（$F > 0$，$I = 0$）

此阶段仅在焊接淬硬钢时采用，一般插在维持时间内，当焊接电流结束，熔核完全凝固且冷却到完成马氏体转变之后再插入，其目的是改善金相组织。

一个点焊焊接循环结束后，如果焊接参数选择合理，一个好的焊点必可满足下列各项要求：

1）外观上要求压痕深度浅，既平滑又均匀过渡，无明显凸肩或表面局部被挤压的明显痕迹。

2）不允许外表有环状或径向裂纹；表面不得有呈熔化状或粘附（电极）的铜合金。

3）内部熔核形成应规则、均匀，熔核直径应满足焊件的强度要求。

4）核心内部无贯穿性或超越相关规定的裂纹，核心周围无严重过热组织及其他不允许的焊接缺陷。

1.2.4 点焊焊接循环时序图

点焊规范及参数包括电极力、通电时间、电流大小、电极材质及其工作端面的尺寸和形状等，其典型时序图如图 1-23 所示。

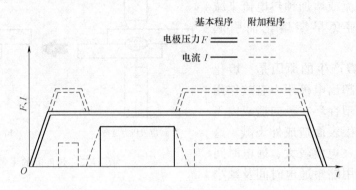

图 1-23 点焊焊接循环的典型时序图

图 1-23 中实线为基本时序，虚线为附加时序，可增加一项或多项，相应地提高预压力、段压力、预热电流和后热电流。

一个实际生产的点焊时序图如图 1-24 所示，可以看出电流与加压的配合关系。

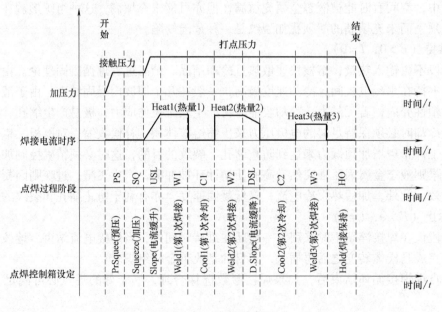

图 1-24 点焊时序图

图 1-24 中的点焊过程阶段为 PS（预压）、SQ（加压）、USL（电流缓升）、W1（第 1 次焊接）、C1（第 1 次冷却）、W2（第 2 次焊接）、DSL（电流缓降）、C2（第 2 次冷却）、W3（第 3 次焊接）、HO（焊接保持）。

1.2.5　点焊规范及参数的对照表

表 1-6～表 1-10 列出几种常用材料的点焊规范及参数（采用单相工频交流电工况）。

表 1-6　低碳钢板（碳质量分数小于 0.25%）点焊规范及参数

板厚 mm	电极 d 最大 /mm	电极 D 最大 /mm	电极 R/ mm	最小点距 /mm	最小搭边量 /mm	最佳规范 通电时间 /ms	电极力 /kN	焊接电流 /kA	熔核直径 /mm	拉剪力±14% /kN	中等规范 通电时间 /ms	电极力 /kN	焊接电流 /kA	熔核直径 /mm	拉剪力±17% /kN	一般规范 通电时间 /ms	电极力 /kN	焊接电流 /kA	熔核直径 /mm	拉剪力±20% /kN
0.4	3.2			8	10	80	1.15	5.2	4.0	1.8	160	0.70	4.5	3.6	1.6	340	0.4	3.5	3.3	1.25
0.6	4.0	10	25	10	11	120	1.5	6.6	4.7	3.0	220	1.0	5.5	4.3	2.8	400	0.5	4.8	4	2.25
0.8	4.5			12	11	140	1.9	7.8	5.3	4.4	260	1.25	6.5	4.6	4.4	500	0.6	5	4.6	3.55
1.0	5.0			18	12	160	2.25	8.8	5.8	6.1	340	1.5	7.2	5.4	5.4	600	0.75	5.6	5.8	5.3
1.2	5.5	16	25	20	14	200	2.7	9.8	6.2	7.9	380	1.75	7.7	5.8	6.8	660	0.85	6.1	5.5	6.5
1.6	6.3			27	16	260	3.6	11.5	6.9	10.6	500	2.4	9.1	6.7	10	860	1.15	7	6.3	9.25
2.0	7.0			35	18	340	4.7	13.8	7.9	14.5	600	3.0	10.3	7.6	13.7	1060	1.5	8	7.1	13
2.3	7.8	16	50	40	20	400	5.8	15	8.6	18.5	740	3.7	11.3	8.4	17.7	1280	1.8	8.6	7.9	16.8
2.8	8.5			45	21	460	7.0	16.2	9.4	23.8	860	4.3	12.1	9.2	23	1580	2.2	9.4	8.9	21.7
3.2	9.0	16	75	50	22	540	8.2	17.4	10.3	31	1000	5.0	12.9	9.9	28.5	1760	2.6	10	9.4	26.7
4	11.0	19	100	66	32	840	10	19	11.6	42	1500	6.3	14.36	11.2	41	2580	3.4	11	10.6	35
6	14.0	22	150	106	53	1840	15.5	23.5	16	79	2500	9.7	17.5	15	73	4160	5.4	13.5	13.5	65
8	16.0	25	250	144	72	2000	22	27	20	114	2660	13	20	18.5	104	6000	7.5	15.6	16	95
9	17.5	30	300	170	87	2340	26	29	28	121	4260	15	21.2	21	112.5	7000	8.8	16.5	17	102
10	19.0	30	350	190	98	3000	29.5	30	35	131.5	4760	17	22.5	22	121	8340	10	17	18	111

表 1-7　中碳钢板（碳质量分数 0.25～0.6%）点焊规范及参数

板厚 /mm	电极端部直径 /mm	点焊规范及参数 电极力 /kN	焊接 时间/ms	焊接 电流/kA	冷却时间 /ms	回火 时间/ms	回火 电流/kA	熔核直径 /mm	最小拉剪力 /kN
0.28	3.2	1.0	60	11.9	100	60	9.9	1.9	1.4
0.26	3.2	1.0	60	12.1	100	60	10.0	2.0	1.5
0.29	3.2	1.1	60	12.2	100	60	10.2	2.2	1.65
0.32	3.2	1.15	60	12.3	120	60	10.3	2.3	1.75
0.35	3.4	1.25	60	12.4	120	60	10.4	2.4	1.90
0.40	3.4	1.45	60	12.6	120	60	10.5	2.6	2.05
0.45	3.4	1.65	60	12.8	140	60	10.7	2.8	2.30
0.50	3.8	1.90	60	12.9	140	60	10.8	3.0	2.50
0.55	3.8	2.20	60	13.0	160	60	11.0	3.2	2.3
0.60	4.0	2.50	60	13.2	160	60	11.1	3.4	3.0
0.65	4.2	2.85	80	13.3	160	80	11.2	3.6	3.3
0.70	4.2	3.30	80	13.4	180	80	11.4	3.8	3.7
0.75	4.8	3.60	80	13.5	200	80	11.5	4.0	4.0
0.80	4.8	3.90	80	13.6	220	80	11.6	4.2	4.5
0.85	5.0	4.30	80	13.7	240	80	11.7	4.4	5.0

（续）

板厚 /mm	电极端部直径 /mm	点焊规范及参数						熔核直径 /mm	最小拉剪力 /kN
		电极力 /kN	焊接		冷却时间 /ms	回火			
			时间/ms	电流/kA		时间/ms	电流/kA		
0.90	5.2	4.65	100	13.8	260	100	11.8	4.7	5.6
1.00	5.8	5.35	100	13.9	340	100	12.0	5.1	6.9
1.20	6.8	6.85	120	14.3	500	160	12.2	5.9	9.75
1.40	7.6	8.20	160	14.7	680	260	12.5	6.7	13.25
1.60	8.6	9.65	180	15.1	800	260	12.8	7.5	16.75
1.80	9.5	11.6	260	15.6	940	460	13.2	8.8	21.0
2.00	10.5	12.5	320	16.3	1460	500	13.9	9.2	25.3
2.80	12.5	14.6	440	17.5	1860	800	14.9	10.4	33.0
2.60	18.5	16.8	560	18.9	2760	1020	16.0	11.6	39.3
2.00	14.2	18.8	640	20.6	3420	1260	17.4	12.9	48.8
3.20	15.2	20.8	760	22.4	4060	1450	18.9	14.1	56.5
3.50	15.8	21.7	880	24.3	4740	1840	20.4	15.3	64.5
4.00	16.0	23.0	1060	26.3	5860	2420	21.0	17.3	77.5

表 1-8 不锈钢板点焊规范及参数

板厚 /mm	电极/mm		最小点距 /mm	点焊规范及参数				熔核直径 /mm	拉剪力/kN		
	d	D		通电时间 /ms	电极力 /kN	电流/kA			母材强度		
						>1050	≤1050		400~600	>600~1050	>1050
0.15	2.4	5	5	40	0.8	2	2	1.2	0.27	0.32	0.4
0.2	2.4	5	5	60	0.9	2	2	1.4	0.45	0.6	0.66
0.3	3.2	6	6	60	1.2	2.4	2.1	1.6	0.85	0.9	1.14
0.4	3.2	6	7	60	1.5	3	2.5	2.1	1.2	1.35	4.55
0.5	3.5	6	8	80	1.9	3.8	3.0	2.5	1.6	1.35	2.1
0.6	4.0	10	10	80	2.2	4.7	3.7	2.9	2.05	2.45	2.8
0.8	4.5	10	13	100	3.0	6.2	4.9	3.5	3.15	3.8	4.5
1.0	5.0	10	15	120	4.0	7.6	6.0	4.1	4.4	5.5	6.5
1.2	5.5	13	19	140	5.0	9	7	4.8	5.7	7.2	8.8
1.4	6.0	13	22	160	6.0	10.2	8	5.3	7.8	9.0	11
1.6	6.3	13	25	180	7.0	11.5	9	5.3	9.0	11	12.6
1.8	6.7	16	23	220	8.0	12.5	10	6.2	11	13	16
2.0	7.0	16	32	240	9.0	13.5	11	6.6	12.8	15.2	18.8
2.4	7.3	16	35	260	11	15.5	12.5	7.2	16	19	24.4
2.8	8.3	19	38	300	13	17.7	14.0	7.4	19	23	29
3.2	9.0	19	50	340	15	18	15.5	7.6	23	27.5	85

表 1-9 铝合金板点焊规范及参数

板厚 /mm	电极直径 /mm	工作端面球半径 /mm	电极力 /kN		通电时间 /ms		电流/kA		熔核直径 /mm
			焊接	锻压	焊接	后热	焊接	后热	
三项整流式焊机									
0.5	16	76	2.4	5.2	20	无	22000	无	3
1.0	16	76	3.0	7.0	40	无	28000	无	4.1
1.6	16	200	5.0	13.2	80	80	43000	36000	6.5
2.0	23	200	6.6	17.3	100	140	52000	42000	7.5
3.2	23	200	11.4	30	160	340	69000	54000	11

（续）

板厚 /mm	电极直径 /mm	工作端面球半径 /mm	电极力/kN		通电时间/ms		电流/kA		熔核直径 /mm
			焊接	锻压	焊接	后热	焊接	后热	
三相变频式焊机									
0.5	16	76	2.3	无	10	无	26000	无	3.2
1.0	16	100	3.2	8.2	20	60	36000	9000	4.1
1.6	16	150	5.9	13.6	40	80	54000	18000	6.5
2.0	23	150	9.1	19.6	40	80	65000	22700	7.5
3.2	23	200	18.2	40.9	60	160	100000	45000	11

表 1-10 镀锌板点焊规范及参数

板厚 /mm	A 级				B 级				C 级			
	电极力 /kN	电流 /kA	通电 时间 /ms	拉剪力 /kN	电极力 /kN	电流 /kA	通电 时间 /ms	拉剪力 /kN	电极力 /kN	电流 /kA	通电 时间 /ms	拉剪力 /kN
0.4									0.08	5.5	140	1.6
0.6					1.0	9.5	160	3.8	0.15	6.5	160	3.5
0.75	2.3	10.5	180	4.1	1.2	10.0	160	4.2	0.18	6.8	160	4.0
0.8	2.5	11	200	4.9	1.5	10.5	200	5.0	0.25	7.0	200	5.0
1.0	2.8	12.5	220	6.3	1.8	11.0	200	6.0	0.30	7.2	200	6.0
1.27	3.8	14	300	9.0	2.2	11.5	220	7.5	0.50	8.0	240	7.5
1.52	4.7	15.5	380	11	2.8	12.0	260	10	0.80	9.5	260	9.0
1.9	6.3	19.5	460	14								
2.4	8.1	24	560	18								
2.8	10	28	660	22								

1.2.6 点焊工艺在实际生产中的应用

1. 点焊的工艺表示方法

在国际标准中点焊用 RSW 表示，点焊的工艺表示方法如图 1-25 所示。

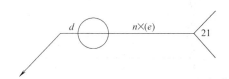

图 1-25 点焊的工艺表示方法

注：d 为焊点直径；e 为焊点间距；n 为焊点数量；21 为点焊符号。

2. 焊点点距

点焊通常采用搭接接头和折边接头，接头可以由两个或两个以上等厚度或不等厚度的工件组成。在设计点焊结构时，必须考虑电极的可达性，即电极必须能方便地抵达工件的焊接部位。同时，还应考虑诸如边距、搭接量、点距、装配间隙和焊点强度诸因素。点焊接头尺寸的基本确定参考值见表 1-11。

表 1-11　点焊接头尺寸的基本确定参考值

序号	经验公式	简　图	备　注
1	$d = 2\delta + 3$ 或 $d = 5\sqrt{\delta}$		d——熔核直径(mm)
2	$A = 30\% \sim 70\%$		A——焊透率 c'——压痕深度(mm)
3	$c' \leqslant 0.2\delta$		e——点距(mm) s——边距(mm)
4	$e > 8\delta$		δ——焊件厚度(mm) n——焊点数
5	$s > 6\delta$		○——点焊缝符号 d○$n \times (e)$——点焊缝标注

边距的最小值（指焊点中心距离板边缘的最小距离）取决于被焊金属的种类、厚度和焊接条件。对于屈服强度高的金属、薄件或采用强规范时可取较小值。边距若过小，可能会保不住熔核而产生喷溅，它与材料的热强性有关，热强性能较好的，最小边距可选择适当小些，一般在 $(6 \sim 10)\delta$ 之间。有些采用最小搭边量，其值为最小边距的两倍。

点距即相邻两点的中心距，其最小值与被焊金属的厚度、电导率、表面清洁度和熔核的直径有关，见表 1-12。

表 1-12　焊点的最小点距 e 参考值　　　　　（单位：mm）

最薄板厚度	最小点距		
	结构钢	不锈钢或高合金钢	轻合金
0.5	10	8	15
0.8	12	10	15
1.0	12	10	15
1.2	14	12	20
1.5	14	12	20
2.0	16	14	25
2.5	18	16	25
3.0	20	18	30
3.5	22	20	35
4.0	24	22	35

规定点距最小值主要考虑分流影响，采用强规范和大的电极压力时，点距可以适当减小。采用热膨胀监控或能够顺序改变各点电流的控制器时，以及能有效地补偿分流影响的其他装置时，点距可以不受限制。

装配间隙必须尽可能小，因为靠压力消除间隙将消耗一部分电极压力，使实际的焊接压力降低。间隙的不均匀性又将使焊接压力波动，从而引起各焊点强度的显著差异，过大的间隙还会引起严重飞溅，许用间隙值取决于工件刚度和厚度，刚度、厚度越大，许用间隙越小，通常为 $0.1 \sim 2$mm。接头的最小搭接量参考值见表 1-13。

表 1-13　接头的最小搭接量参考值　　　　　　　（单位：mm）

最薄板件厚度	单排焊点的最小搭接量			双排焊点的最小搭接量		
	结构钢	不锈钢或高合金钢	轻合金	结构钢	不锈钢或高合金钢	轻合金
0.5	8	6	12	16	14	22
0.8	9	7	12	18	16	22
1.0	10	8	14	20	18	24
1.2	11	9	14	22	20	26
1.5	12	10	16	24	22	30
2.0	14	12	20	28	26	34
2.5	16	14	24	32	30	40
3.0	18	16	26	36	34	46
3.5	20	18	28	40	38	48
4.0	22	20	30	42	40	50

单个焊点的抗剪强度取决于两板交界上熔核的面积，为了保证接头强度，除熔核直径外，焊透率和压痕深度也应符合要求，焊透率的表达式为 $\eta = h/(\delta - c) \times 100\%$，如图 1-26 所示。

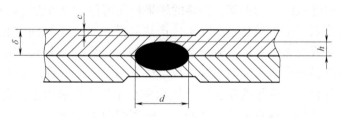

图 1-26　焊透率的参数尺寸图

d 为熔核直径；δ 为工件厚度；h 为熔深；c 为压痕深度。

对于碳钢而言，两板上的焊透率只允许介于 20% ~ 80% 之间；镁合金的最大焊透率只允许为 60%，钛合金的最大焊透率只允许为 90%。焊接不同厚度工件时，每一工件上的最小焊透率可为接头中薄件厚度的 20%，压痕深度不应超过板件厚度的 15%。如果两工件厚度比大于 2:1，或在不易接近的部位施焊，以及在工件一侧使用平头电极时，压痕深度可增大到 20% ~ 25%。

点焊接头受垂直面板方向的拉伸载荷时的强度为正拉强度。由于在熔核周围两板间形成的尖角可引起应力集中，而使熔核的实际强度降低，因而点焊接头一般不这样加载。通常以正拉强度和抗剪强度之比作为判断接头延性的指标，此比值越大，则接头的延性越好，如图 1-27 所示。

多个焊点形成的接头强度还取决于点距和焊点分布。点距小时接头会因为分流而影响其强度，点距大时又会限制可安排的焊点数量。因此，必须兼顾点距和焊点数量，才能获得最大的接头强度，多列焊点最好交错排列而不要做矩形排列。

3. 不等厚度的点焊

（1）常用的焊接方法

1）采用强规范使工件间接触电阻产热的影响增大，电极散热的影响降低。例如，电容储能焊机采用大电流和短的通电时间能焊接大厚度比的工件。

2）采用不同接触表面直径的电极，在薄件或导电性、导热性好的工件一侧采用较小直径，以增加这一侧的电流密度，并减少电极散热的影响。

3）采用不同的电极材料，薄板或导电性、导热性好的工件一侧采用导热性较差的铜合金，以减少这一侧的热损失。

4）采用工艺垫片，在薄件或导电性、导热性好的工件一侧垫一块由导热性较差的金属制成的垫片（厚度为 0.2～0.3mm），以减少这一侧的散热。

（2）熔核偏移　当进行不等厚度或不同材料点焊时，熔核将不对称于其交界面，而是向

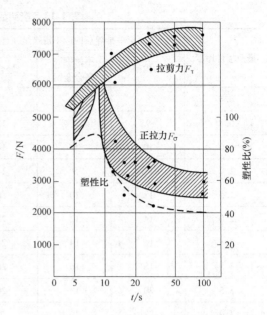

图 1-27　拉剪力（F_τ）、正拉力（F_σ）及塑性比与通电时间的关系

注：材质为低碳钢；厚度 $\delta = 1mm$；焊接电流 $I_w = 8800A$；电极压力 $F_w = 2300N$。

厚板或导电性、导热性差的一边偏移，偏移的结果将使薄件或导电性、导热性好的工件焊透率减小，焊点强度降低。熔核偏移是由两工件产热和散热条件不相同引起的。厚度不等时，厚件一边电阻大且交界面离电极远，故产热多而散热少，致使熔核偏向厚件；材料不同时，导电性、导热性差的材料产热易而散热难，故熔核也偏向这种材料，如图 1-28 所示。

点焊不同厚度材料时，两板的厚度之比值通常小于 3（当采用工频交流点焊时），多层点焊时一般不宜超过四层。焊点工艺尺寸的定义图例如图 1-29 所示。

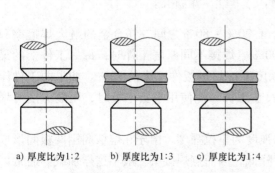

a) 厚度比为1:2　　b) 厚度比为1:3　　c) 厚度比为1:4

图 1-28　点焊不同厚度焊件时焊点熔核偏移示意图

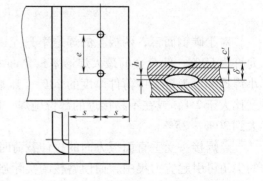

图 1-29　焊点工艺尺寸的定义图例

（3）调整熔核偏移的原则　增加薄板或导电性、导热性好工件的产热并减少其散热。

4. 不同材料的点焊

焊接区的温度分布，如图 1-30 所示。由于工件材料不同，会产生熔核偏移现象，克服

的方法是：

1）采用硬规范。

2）不同直径或材质电极。

3）附加导热性差的工艺垫片。

4）采用凸焊方法。

5. 点焊前的工件清理

无论是点焊、缝焊或凸焊，在焊接前必须对工件表面进行清理，以保证接头质量稳定。其清理方法分为机械清理和化学清理两种。常用的机械清理方法有喷砂、喷丸、抛光以及用纱布或钢丝刷等清理方法。不同的金属和合金，需采用不同的清理方法。

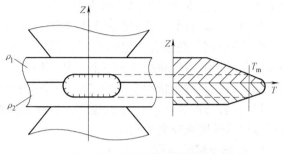

图 1-30　焊接区的温度分布

注：不同材料（电阻率 $\rho_1 < \rho_2$）。

1）常用钢板：常用钢板的种类有热轧（又包括表面不酸洗和酸洗并涂油处理两类）和冷轧。对于未酸洗的热轧钢焊接时，必须用喷砂、喷丸，或者用化学腐蚀方法清除氧化皮，可在硫酸及盐酸溶液中，或者在以磷酸为主含有硫脲的溶液中进行腐蚀，后一种成分可有效地同时进行涂油和腐蚀。

低碳钢和低合金钢在大气中的抗腐蚀能力较低。因此，这些金属在运输、存放和加工过程中常常用抗蚀油进行保护。如果涂油表面未被车间的脏物或其他不良导电材料所污染，在电极的压力下，油膜很容易被挤开，并不会影响接头质量，一般无需清理。

2）有镀层的钢板，除了少数例外，一般不用特殊清理就可以进行焊接，镀铝钢板则需要用钢丝刷或化学腐蚀清理。带有磷酸盐涂层的钢板，其表面电阻值会大到在电极压力下，焊接电流无法通过的程度。只有采用较高的压力才能进行焊接。

3）铝及其合金对表面清理的要求十分严格，由于铝对氧的化学亲和力极强，刚清理过的表面上会很快被氧化，形成氧化铝薄膜。因此，清理后的表面在焊接前允许保持的时间是严格限制的。

铝合金的氧化膜主要采用化学方法去除，在碱溶液中去油和冲洗后，将工件放进正磷酸溶液中腐蚀。为了减慢新膜的成长速度和填充新膜孔隙，在腐蚀的同时进行纯化处理。最常用的纯化剂是重铬酸钾和重铬酸钠。纯化处理后便不会在除氧化膜的同时，造成工件表面的过分腐蚀。腐蚀后进行冲洗，然后在硝酸溶液中进行亮化处理，之后再次进行冲洗。冲洗后在温度 75℃ 的干燥室中干燥，或用热空气吹干。这样清理后的工件，可以在焊接前保持 72h。

铝合金也可用机械方法清理，如用 0～00 号纱布，或用电动或风动的钢丝刷等。但为防止损伤工件表面，钢丝直径不得超过 0.2mm，钢丝长度不得短于 40mm，刷子压紧于工件的力不得超过 15～20N，而且清理后须在 2～3h 内进行焊接。为了确保焊接质量的稳定性，目前国内各工厂多在化学清理后，在焊接前再用钢丝刷清理工件搭接的内表面。

铝合金清理后必须测量放有两铝合金工件的两电极间总阻值 R。其方法是使用类似于点焊机的专用装置，上面的一个电极对电极夹绝缘，在电极间压紧两个试件，这样测出的 R

值可以最客观地反映出表面清理的质量。对于 LY12、LC4、LF6 铝合金，R 不得超过 120$\mu\Omega$；刚清理后的，R 一般为 40～50$\mu\Omega$；对于导电性更好的 LF21、LF2 铝合金以及烧结铝类的材料，R 不得超过 28～40$\mu\Omega$。

4）镁合金一般使用化学清理，经腐蚀后再在铬酐溶液中纯化。这样处理后会在表面形成薄而致密的氧化膜，它具有稳定的电气性能，可以保持 10 个昼夜或更长时间，性能仍几乎不变。镁合金也可以用钢丝刷清理。

5）铜合金可以通过在硝酸及盐酸中处理，然后进行中和并清除焊接处残留物。

6）不锈钢、高温合金电阻焊时，保持工件表面的高度清洁十分重要，因为油、尘土、油漆的存在，能增加硫脆化的可能，从而使接头产生缺陷。清理方法可用激光、喷丸、钢丝刷或化学腐蚀。对于特别重要的工件，有时用电解抛光，但这种方法复杂而且生产率低。

7）钛合金的氧化皮，可在盐酸、硝酸及磷酸钠的混合溶液中进行深度腐蚀加以去除，也可以用钢丝刷或喷丸处理。

6. 各类金属的点焊

（1）低碳钢的点焊　低碳钢的碳质量分数低于 0.25%，其电阻率适中，需要的焊机功率不大；塑性温度区宽，易于获得所需的塑性变形而不必使用很大的电极压力；碳与微量元素含量低，无高熔点氧化物，一般不产生淬火组织或夹杂物；结晶温度区间窄、高温强度低、热膨胀系数小，因而开裂倾向小，这类钢具有良好的焊接性，其焊接电流、电极压力和通电时间等工艺参数具有较大的调节范围。

（2）淬火钢的点焊　由于冷却速度极快，所以在点焊淬火钢时必然产生硬脆的马氏体组织，在应力较大时会产生裂纹。为了消除淬火组织、改善接头性能，通常采用电极间焊接后回火的双脉冲点焊方法，这种方法的第一个电流脉冲为焊接脉冲，第二个电流脉冲为回火处理脉冲，使用这种方法时应注意两点：

1）两脉冲之间的间隔时间一定要保证使焊点冷却到马氏体转变点 Ms 温度以下。

2）回火电流脉冲幅值要适当，以避免焊接区的金属重新超过奥氏体相变点而引起二次淬火。

（3）镀锌钢板的点焊　镀锌钢板大致分为电镀锌钢板和热浸镀锌钢板，前者的镀层比后者薄。点焊镀锌钢板用的电极，推荐用 2 类电极合金。相对点焊外观要求很高时，可以采用 1 类电极合金。推荐使用锥形电极形状，圆锥角为 120°～140°。使用焊钳时，推荐采用端面半径为 25～50mm 的球面电极。为提高电极使用寿命，也可采用嵌有钨极电极头的复合电极，以 2 类电极合金制成的电极体，可以加强钨电极头的散热。

（4）镀铝钢板的点焊　镀铝钢板分为两类。第一类以耐热为主，表面镀有一层厚 20～25μm 的 Al-Si 合金（含有 6%～8.5% Si），可耐 640°高温；第二类以耐腐蚀为主，为纯铝镀层，镀层厚为第一类的 2～3 倍，点焊这两类镀锌钢板时都可以获得强度良好的焊点。由于镀层的导电性、导热性好，因此，需要较大的焊接电流，并应采用硬铜合金的球面电极（参见配套光盘视频-（19）旋压点焊）。

（5）不锈钢的点焊　不锈钢一般分为奥氏体不锈钢、铁素体不锈钢和马氏体不锈钢三种。由于不锈钢的电阻率高、导热性差，因此与低碳钢相比，可采用较小的焊接电流和较短的焊接时间。这类材料有较高的高温强度，必须采用较高的电极压力，以防止产生缩孔、裂纹等缺陷。不锈钢的热敏感性强，通常采用较短的焊接时间且强有力的内部和外部水冷却，并且要准确地控制加热时间、焊接时间及焊接电流，以防热影响区晶粒长大和出现晶间腐蚀现象。点焊不锈钢的电极推荐用 2 类或 3 类电极合金，以满足高电极压力的需要。

（6）铝合金的点焊

铝合金的应用十分广泛，分为冷作强化和热处理强化两大类。铝合金点焊的焊接性较差，尤其是热处理强化的铝合金。其原因及应采取的工艺措施如下：

1）电导率和热导率较高。必须采用较大电流和较短时间，才能做到既有足够的热量形成熔核，又能减少表面过热，避免电极粘附和电极铜离子向纯铝包复层扩散，降低接头的抗腐蚀性。

2）塑性温度范围窄，且线胀系数大。必须采用较大的电极压力，电极随动性好，才能避免熔核凝固时，因过大的内拉应力而引起的裂纹。对裂纹倾向大的铝合金，如 5A06、2A12、7A04 等，还必须采用加大锻压力的方法，使熔核凝固时有足够的塑性变形且减少拉应力，以避免裂纹产生。在弯电极难以承受大的定锻压力时，也可以采用在焊接脉冲之后加缓冷脉冲的方法避免裂纹。对于大厚度的铝合金可以两种方法并用。

3）表面易生成氧化膜。焊接前必须严格清理，否则极易引起飞溅和熔核成形不良（撕开检查时，熔核形状不规则，凸台和孔不呈圆形）；使焊点强度降低。清理不均匀则将引起焊点强度不稳定。

基于上述原因，点焊铝合金应选用具有下列特性的焊接电源：

1）能在短时间内提供大电流。

2）电流波形最好有缓升缓降的特点。

3）能精确控制工艺参数，且不受电网电压波动影响。

4）能提供阶梯形和马鞍形电极压力。

5）机头的惯性和摩擦力小，电极随动性好。

当前国内使用的多为 300～600kV·A 的直流脉冲、三相低频和二次整流焊机，个别的达到 1000kV·A，均具有上述特性。也有采用单相交流焊机的，但仅限于不重要的工件。

点焊铝合金的电极应采用 1 类电极合金，球形端面，以利于压固熔核和散热。由于电流密度大和氧化膜的存在，铝合金点焊时，很容易产生电极粘着。电极粘着不仅影响外观质量，还会因电流减小而降低接头强度。为此需经常修整电极。电极每次修整后可焊工件的点数与焊接条件、被焊金属型号、清理情况、有无电流波形调制、电极材料及其冷却情况等因素有关。通常点焊纯铝为 5～10 点，点焊 5A06、2A12 时为 25～30 点。

防锈铝 5A21 的强度低、延性好，有较好的焊接性，不产生裂纹，通常采用固定不变电极压力。硬铝（如 2A11、2A12），超硬铝（如 7A04、7A05）强度高、延性差，极易产生裂纹，必须采用阶梯形曲线的压力。但对于薄件，采用大的焊接压力或具有缓冷脉冲的双脉冲加热，裂纹也是可避免的。采用阶梯形压力时，锻压力滞后于断电的时刻十分重要，通常是 0～2 周。锻压力加得过早（断电前），等于增大了焊接压力，将影响加热，导致焊点强度降低和波动；锻压力加得过迟，则熔核冷却结晶时已经形成裂纹，加锻压力已无济于事。有时也需要提前于断电时刻施加锻压力，这是因为电磁气阀动作延迟，或气路不畅通造成锻压力提高缓慢，提前施加可防止裂纹的缘故。

（7）铜和铜合金的点焊　铜合金的电阻率比铝合金要低而导热率要强，所以铜及铜合金的焊接相比较而言是比较困难的，要求短时间内大的热输出和较大的压力。厚度小于

1.5mm 的铜合金，尤其是低电导率的铜合金在生产中用得最广泛。纯铜电导率极高，点焊比较困难。通常需要在电极与工件间加垫片，或使用在电极端头嵌入钨的复合电极，以减少向电极的散热。钨极直径通常为 3～4mm。

　　焊接铜和高电导率的黄铜和青铜时，一般采用 1 类电极合金做电极；焊接低电导率的黄铜、青铜和铜镍合金时；采用 2 类电极合金；也可以用嵌入钨极的复合电极焊接铜合金。由于钨的导热性差，故可使用小得多的焊接电流，在常用的中等功率的焊机上进行点焊，但钨电极容易和工件粘着，影响工件的外观。点焊黄铜、铜和高电导率的铜合金时，因电极粘附严重，很少采用点焊，即使用复合电极也只限于点焊薄铜板。

1.3　点焊设备与应用

1.3.1　汽车生产中使用的点焊设备

　　汽车车身装焊生产线上使用的点焊设备主要有以下三类：

　　（1）悬挂式点焊机　悬挂式点焊机由焊钳、焊机变压器、焊机控制器、水冷却系统、气动加压系统、悬挂装置等部分组成，是早期汽车装焊的主要焊接设备之一，目前主要应用于车身装焊生产线上的定位焊工位，或用于焊点位置复杂（不易实现自动化）部件的焊接。由于是手工作业，所以劳动强度大、自动化程度低。悬挂式点焊机的作业现场如图 1-31 所示。

图 1-31　悬挂式点焊机的作业现场

　　（2）多点焊专机　多点焊工艺的优点是生产效率高、焊接变形小。其缺点是不能适应与多种车型的生产、柔性差。

　　（3）点焊机器人　采用点焊机器人提高了车身装焊生产的自动化程度，减轻操作人员的劳动强度，提高生产效率，保证焊接质量。实现了车身装焊的柔性化生产方式，即多品种、少批量混线生产，点焊机器人在现代化汽车装焊生产线上被广泛采用。

1.3.2　汽车车身装焊

汽车车身装焊包括车架、地板（底板）、侧围、车门及车身总成合焊等的装配焊接，在装焊生产过程中大量采用了电阻点焊工艺。据统计，每辆汽车车身上有 3000～4000 个点焊焊点。在汽车车身装焊工艺中，点焊工艺处于主导地位，点焊技术的应用实现了汽车车身制造的量产化与自动化。汽车车身部分焊点位置如图 1-32 所示（参见配套光盘视频-（9）行李仓点焊）。

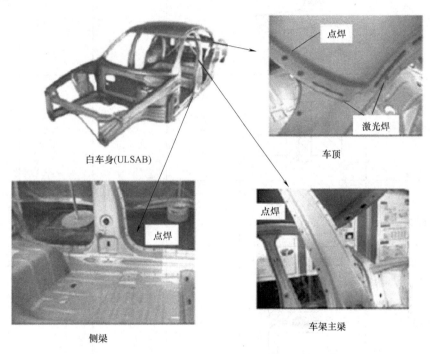

图 1-32　汽车车身部分焊点位置

1.4　电阻点焊检验和质量控制

点焊可能出现的工艺缺陷如图 1-33 所示。

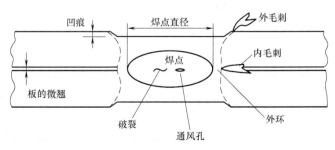

图 1-33　点焊可能出现的工艺缺陷

电阻焊（含点焊）接头质量检验通常采用破坏性检验、非破坏性检验及微观检验方法。

1.4.1　电阻点焊接头破坏性检验

电阻焊接头破坏性检验见表 1-14。

表 1-14　电阻焊接头破坏性检验

电阻焊接头检验	破坏性试验	焊接方法			
		点焊	缝焊	凸焊	对焊
薄板卷曲检验（现场检验）		×	×	×	—
厚板凿具检验（现场检验）		×	×	×	—
扭曲检验		×	×	×	—
对拉检验		×	×	×	—
剪拉试验： 1）仅剪拉 2）带对拉的剪拉试验		×	×	×	—
拉伸试验		—	—	—	×
缺口冲击试验		—	—	—	×
折曲试验		—	—	—	×
弯曲角度		—	—	—	×
艾氏深冲冲击试验		—	—	—	×

注：×表示检验；—表示不检验。

1.4.2 非破坏性检验及微观检验

非破坏性检验及微观检验见表1-15。

表1-15 非破坏性检验及微观检验

焊缝的检验非破坏性检验	焊接方法			
	点焊	缝焊	凸焊	对焊
射线检测	—	—	—	×
超声波检测	—	—	—	(×)
脱脂(仅用于表面裂纹)	×	×	×	×
金相检验	×	×	×	×
宏观检验	×	×	×	×
微观接头试验	×	×	×	×
硬度检验	×	×	×	×

注：×表示检验；（×）表示有条件检验；—表示不检验。

1.5 电阻点焊品质管理

点焊焊点熔核直径和外环直径剖面图，如图1-34所示。

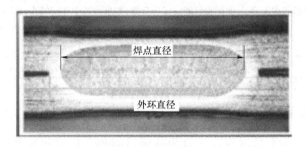

图1-34 点焊焊点熔核直径和外环直径剖面图

1.5.1 点焊熔核直径要求

点焊熔核直径要求见表1-16。

表1-16 点焊熔核直径要求

序号	最小板厚 t_{min}/mm	最小熔核直径 D_{min}/mm	序号	最小板厚 t_{min}/mm	最小熔核直径 D_{min}/mm
1	0.60	2.7	9	1.25	3.9
2	0.70	2.9	10	2.50	4.3
3	0.75	3.0	11	1.75	4.6
4	0.80	3.1	12	2.00	5.0
5	0.85	3.2	13	2.25	5.3
6	0.90	3.3	14	2.50	5.5
7	1.00	3.5	15	2.75	5.8
8	1.20	3.8	16	3.00	6.1

当板厚不同时，根据最小板厚确定熔核直径 D；当三层及三层以上的按次薄板确定最小熔核直径，熔核直径是指两个结合面上的连接宽度，如图 1-35 所示。

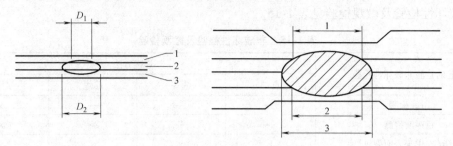

图 1-35　熔核直径示意图

1.5.2　点焊熔核评价准则

点焊熔核评价准则见表 1-17。

表 1-17　点焊熔核评价准则

状态	评价准则	备　注
合格	$D \geqslant D_{min}$ 且熔核中不存在裂纹	如果熔核中存在气孔，且气孔直径 < 10% D，必须保证其相应的凿测试验已经定为合格
条件合格	$D \geqslant D_{min}$ 且熔核中不存在裂纹	如果熔核中存在气孔，且 10% D < 气孔直径 < 20% D，必须保证其相应的凿测试验已经评定为合格；如果熔核中存在气孔，且 20% $D \leqslant$ 气孔直径 $\leqslant$ 25% D，必须保证 $D \geqslant 5\sqrt{D}$，并且其相应的凿测试验已经评定为合格（此时相应的焊接参数应需优化）
不合格	$D < D_{min}$	或熔核中存在气孔，气孔直径 $\geqslant$ 20% D，且 $D < 5\sqrt{D}$，或者熔核中存在裂纹

1.5.3　点焊品质检查

点焊品质的检验一般有目视检验（分为裸眼目测和金相检验）及破坏性检验两种方法。目视（裸眼）检验项目如图 1-36 所示。

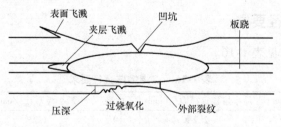

图 1-36　目视（裸眼）检验项目

若工艺品质需要，利用显微（镜）照片进行金相检验，则需切断提取出焊接熔核部分并研磨腐蚀，如图 1-37 所示。

但是，若只经过外观检验就下结论则还不充分，还应进行破坏性实验。破坏性检验最常用的检验试样方法是撕开法，优质焊点的标志是在撕开试样的一片上有圆孔，另一片上有圆凸台（纽扣状）。厚板或淬火材料有时不能撕出圆孔和凸台，但可通过剪切的断口判断熔核的直径。必要时，需进行低倍测量、拉伸试验和 X 光检验，以判定熔透率、抗剪强度和有无缩孔、裂纹等。破坏性撕开实验如图 1-38 所示。

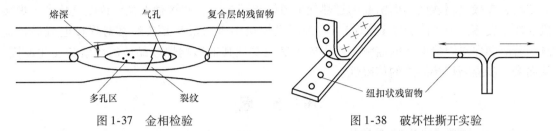

图 1-37　金相检验　　　　　　　图 1-38　破坏性撕开实验

某品牌轿车对车身焊点进行撕裂测试的检测要求如图 1-39 所示。

图 1-39　车身焊点的检测要求

另外，也有利用拉伸仪进行拉伸强度检验的方法。

1.5.4　点焊品质保证管理

点焊方法虽然是最适合于大量生产的焊接手段，但是若品质管理不当就会引起巨大的损失。目前，由于无法实现在线非破坏性焊接品质检验，因此，有必要加强对品质保证的管理。

（1）压力检测　焊接发热量受电极与工件间接触电阻的影响极大。焊接过程中，压力必须保持不变，因此，有必要经常用压力测试仪对焊接压力进行测试。焊接时工件因熔化而出现一定的塌陷，此时，若电极不能紧随工件变化则会导致飞溅。因此，对焊接机头的动作状况也需经常检查。

（2）电极修磨　焊接次数的增多，会使电极表面磨损加重。电极表面粗糙会引起飞溅和造成工件表面出现粗糙痕迹，影响工件外观。因此，有必要多准备些研磨好的电极，根据焊接次数适当更换电极。使用新电极之前应先用作工件进行调试。

（3）电极过热　电极过热不仅会缩短电极的使用寿命而且会导致工件焊接品质不均一。

（4）工件精度　因忽略了工件厚度、镀层厚度、金属成分等的变化而导致焊接不良品出现的现象时有发生。工件本身的品质是否安定也是影响焊接品质的重要因素。

（5）电流监测　电流监测对焊接是必不可少的。影响电流变化的因素主要有电源电压的波动、焊接机超载使用而引起的过热使电流输出减少、工件接触不良导致电流减少、焊接机性能不良等。为了防止上述原因引起的不良焊接结果，很有必要经常对焊接电流进行监测。若能确保对焊接电流的监测，则可较容易地发现其他影响焊接品质的因素和变化原因，从而进一步提高焊接品质的信赖性。

思 考 题

1. 简述电阻焊热源特点和加热过程。
2. 简述焊点的形成过程。
3. 简述点焊的四大规范参数及对焊接过程的影响。
4. 点焊的品质检验一般有几种方法？
5. 点焊的品质保证手段有哪些？

第2章 点焊机器人及系统构成

从焊接工艺上区分，目前应用较为广泛的焊接机器人主要有弧焊、点焊和激光焊机器人，其中，点焊机器人（英文为 spot welding robot）是指用于点焊自动作业的工业机器人，或者可解释为一种持握点焊钳的工业机器人。

2.1 点焊机器人技术指标

2.1.1 机器人本体技术规格

以持重 165kg 的六轴安川点焊机器人为例，机器人本体外形如图 2-1 所示（参见配套光盘视频-（1）机器人生产过程）。

由于实用中几乎全部用来完成间隔为 30～50mm 的打点作业，运动中很少能达到最高速度，因此，改善最短时间内频繁短节矩起动、制动的性能是机器人追求的重点。为了提高加速度和减速度，在设计中减轻了手臂的重量，增加了驱动系统的输出力矩。同时，为了缩短滞后时间，得到高的静态定位精度，该机型采用低惯性、高刚度减速器和高功率的无刷伺服电动机。由于在控制电路中采取了加前馈环节和状态观测器等措施，控制性能得到大大改善，50mm 短距离移动的定位时间被缩短到 0.4s 以内。常用的MOTOMAN—ES165D 关节式点焊机器人本体的技术指标见表 2-1。

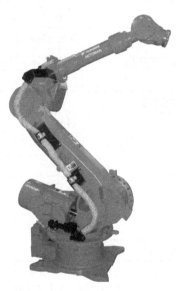

图 2-1　ES165D 型点焊机器人本体外形

点焊机器人控制系统由本体控制部分及焊接控制部分组成。本体控制部分主要是由示教编程器、控制柜和机器人手臂组成的；焊接控制部分除焊钳加压时间及程序转换以外，通过改变主电路晶闸管的导通角而实现焊接电流控制。机器人本体 YR—ES0165DA00 手臂动作范围俯视图如图 2-2 所示。

表 2-1　MOTOMAN—ES165D 关节式点焊机器人本体的技术指标

名称	MOTOMAN—ES165D
式样	YR—ES0165DA00
构造	垂直多关节型(6 自由度)
负载	165kg(151.5kg)[*3]
重复定位精度[*1]	±0.2mm

（续）

运动范围	S 轴（旋转）	$-180° \sim +180°$
	L 轴（下臂）	$-60° \sim +76°$
	U 轴（上臂）	$-142.5° \sim +230°$
	R 轴（手腕旋转）	$-360° \sim +360° (-205° \sim +205°)$ [*3]
	B 轴（手腕摆动）	$-130° \sim +130° (-120° \sim +120°)$ [*3]
	T 轴（手腕回转）	$-360° \sim +360° (-180° \sim +180°)$ [*3]
最大速度	S 轴（旋转）	1.92rad/s,110°/s
	L 轴（下臂）	1.92rad/s,110°/s
	U 轴（上臂）	1.92rad/s,110°/s
	R 轴（手腕旋转）	3.05rad/s,175°/s
	B 轴（手腕摆动）	2.62rad/s,150°/s
	T 轴（手腕回转）	4.19rad/s,240°/s
允许力矩（$GD^2/4$）	R 轴（手腕旋转）	921N·m（868N·m）[*3]
	B 轴（手腕摆动）	921N·m（868N·m）[*3]
	T 轴（手腕回转）	490N·m
允许惯性矩	R 轴（手腕旋转）	85kg·m^2（83kg·m^2）[*3]
	B 轴（手腕摆动）	85kg·m^2（83kg·m^2）[*3]
	T 轴（手腕回转）	45kg·m^2
本体重量		1100kg
安装环境	温度	$0° \sim +45°$
	湿度	20%～80%RH（无结霜）
	振动	4.9m/s^2 以下
	其他	1）远离腐蚀性气体或液体,易燃气体 2）保持环境远离水、油和粉尘 3）远离电气噪声源
电源容量[*2]		5.0kV·A

注：表中以 SI（国际单位制符号）记录，其中，*1 表示符合 JIS B8432 标准；*2 表示因用途、动作模式不同而不同；*3 表示配有装备电缆时，变成（ ）内的值。

机器人本体 YR—ES0165DA00 手臂动作范围侧视图如图 2-3 所示。

机器人本体 YR—ES0165DA00 主视图及 A、B、C 向局部视图如图 2-4 所示。

2.1.2 机器人控制系统

1. 机器人控制箱

NX100 机器人控制箱正面及内部构成如图 2-5 所示。

图 2-5 中，电源供应模组：主电源接通单元；焊接命令板：I/F 单元焊接数据库及程序存储；伺服模组：伺服运算放大驱动电路；电源转换器：控制箱各单元供电电路；I/O 模组：输入输出电路及接口；CPU 模组：含控制基板、后板、时序控制板、控制电源等。

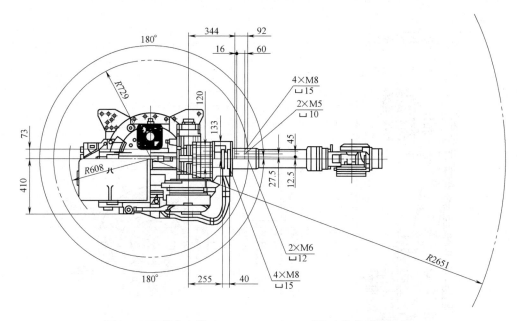

图 2-2　机器人本体 YR—ES0165DA00 手臂动作范围俯视图

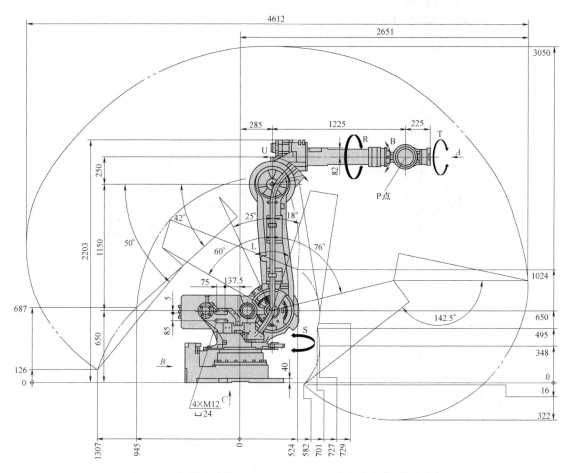

图 2-3　机器人本体 YR—ES0165DA00 手臂动作范围侧视图

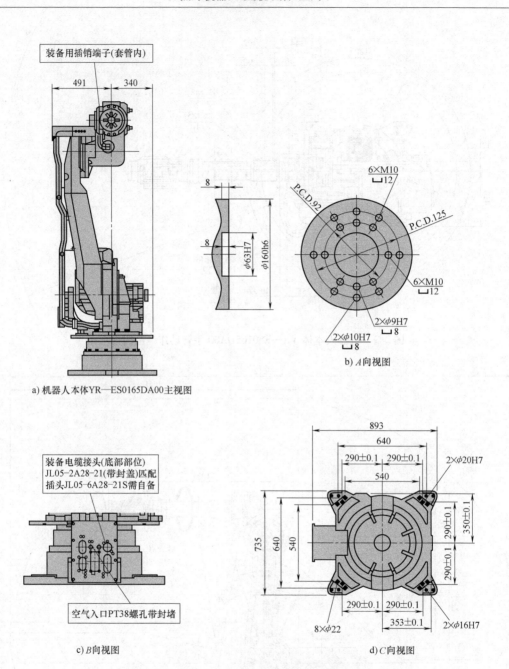

图 2-4　机器人本体 YR—ES0165DA00 主视图及 A、B、C 向局部视图

　　需要开关控制柜门时，必须将开关手柄置于 OFF 后，再用一字槽螺钉旋具开关门锁（门上有两个门锁，顺时针为开，逆时针为关）。开关门时，按住门使用一字槽螺钉旋具旋转门锁，关门旋转后听到"喀"的一声响后为锁好。

2. 机器人控制信号传输

　　焊接机器人本体与控制箱之间通过 1BC、2BC 和 3BC 电缆进行连接，用以传输编码器反馈信号和机器人伺服电动机驱动信号，如图 2-6 所示。

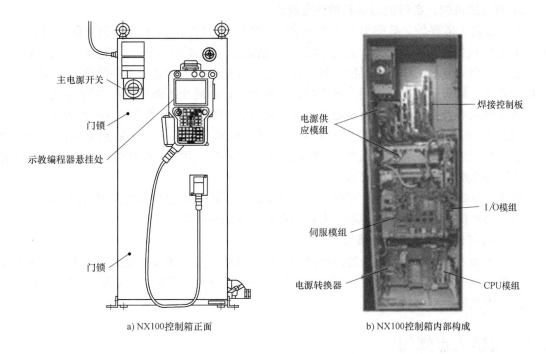

a) NX100控制箱正面

b) NX100控制箱内部构成

图 2-5　NX100 机器人控制箱正面及内部构成

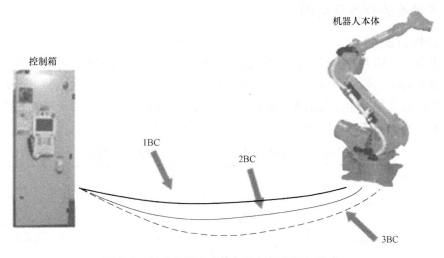

图 2-6　焊接机器人本体与控制箱之间的连接

2.1.3　点焊机器人的基本功能

1. 动作平稳、定位精度高

相对弧焊机器人而言，点焊对所用的机器人要求不高。因为点焊只需点位控制，焊钳在点与点之间的移动轨迹没有严格要求，这也是机器人最早只能用于点焊的原因。点焊用机器人不仅要有足够的负载能力，而且在点与点之间移位时速度要快捷，动作要平稳，定位要准确，以减少移位的时间，提高工作效率。

2. 移动速度快、负载能力强和动作范围大

点焊机器人需要的负载能力取决于所用的焊钳形式。针对用于变压器分离的焊钳，30 ~ 45kg 负载的机器人即可。但是，这种焊钳一方面由于二次电缆线长，电能损耗大，也不利于机器人将焊钳伸入工件内部焊接；另一方面电缆线随机器人运动而不停摆动，电缆的损坏较快。因此，目前逐渐增多采用一体式焊钳，这种焊钳连同变压器质量在 70kg 左右。

考虑到机器人要有足够的负载能力，能以较大的加速度将焊钳送到空间位置进行焊接，一般都选用 100 ~ 165kg 负载的重型机器人。为了适应连续点焊时焊钳短距离快速移位的要求，新的重型机器人增加了可在 0.3s 内完成 50mm 位移的功能，这对电机的性能、微机的运算速度和算法都提出更高的要求。

因此，点焊机器人应具有性能稳定、动作范围大、运动速度快和负荷能力强等特点，焊接质量应明显优于人工焊接，能够大大提高点焊作业的生产率。

3. 具有与外部设备通信的接口

点焊机器人具有与外部设备通信的接口，它可以通过这一接口接受上一级主控与管理计算机的控制命令进行工作。因此，在主控计算机的控制下，可以由多台点焊机器人构成一个柔性点焊焊接生产系统。

2. 2　机器人点焊钳

2. 2. 1　点焊钳的分类及结构

1. 点焊钳的概述

点焊钳作为机器人的执行工具，对机器人的使用有很大的约束力，若选型不合理，将直接影响机器人的操作效率和接近性，同时对机器人运行中的安全有很大威胁。点焊机器人焊钳必须从生产需求和操作特点出发，结构上应满足生产和操作要求。由于机器人操作与传统人工操作有很多不同之处，所以两者有很大差异，其特点对比见表 2-2。

表 2-2　人工操作点焊钳与机器人点焊钳的特点对比

人工操作点焊钳	机器人点焊钳
对点焊钳自重的要求不太严格	点焊钳装在机器人上，每台机器人有额定负载，因此，对点焊钳自重的要求严格
随意性强，靠人的智能处理各类问题	严格按程序运行，设有处理工件与样件位置不同等问题的能力，因此焊钳必须具备自动补偿功能，实现自动跟踪工作
不需要考虑焊钳与人之间相对位置问题	机器人在移动、转动、到位、回位的运行过程中，为防止与工件碰撞或与其他装置干涉，点焊钳在随其运行中必须处于固定位置，因此点焊钳要设计限位机构
点焊钳的动作靠人控制，不需考虑信号	机器人点焊钳按程序操作，每一个动作结束需发出指令，因此，点焊钳需通以信号

2. 点焊钳的分类

（1）按点焊钳的结构形式　可以分为 "C" 形焊钳和 "X" 形焊钳。

（2）按点焊钳的行程　可以分为单行程和双行程。

（3）按加压的驱动方式　可以分为气动焊钳和电动焊钳。

（4）按点焊钳变压器的种类　可分为工频焊钳的中频焊钳。

（5）按点焊钳的加压力大小　可以分为轻型焊钳和重型焊钳，一般将电极加压力在450kg 以上的点焊钳称为重型焊钳，450kg 以下的点焊钳称为轻型焊钳。

综上所述，点焊钳的分类如图 2-7 所示。

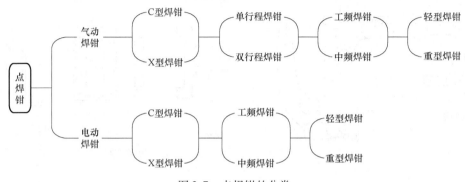

图 2-7　点焊钳的分类

3. 点焊钳的结构及部件名称

（1）C 型焊钳　根据焊接工位的不同，C 型焊钳主要用于点焊垂直及近似于垂直倾斜位置的焊缝，C 型焊钳的结构及部件名称如图 2-8 所示。

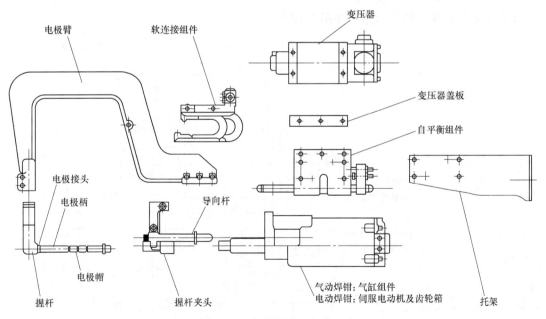

图 2-8　C 型焊钳结构及部件名称

（2）X 型焊钳　X 型焊钳主要用于点焊水平及近似于水平倾斜位置的点焊，X 型焊钳结构及部件名称如图 2-9 所示。

点焊钳的一般结构形式，在实际应用中，需要根据打点位置的特殊性，对点焊钳钳体须做特殊的设计，只有这样才能确保点焊钳到达焊点位置。

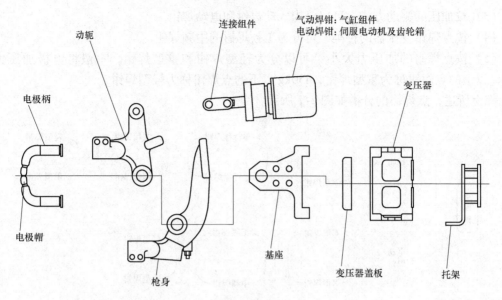

图 2-9　X 型焊钳结构及部件名称

2.2.2　点焊钳的技术参数

1. C 型气动焊钳的技术参数

1）C 型气动焊钳结构示意图如图 2-10 所示。

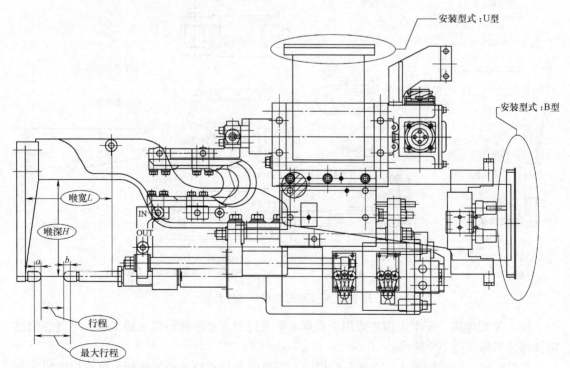

图 2-10　C 型气动焊钳结构示意图

注：a、b 是由于电极而造成的行程需求量，最大行程除 $a+b$ 外，还包括电极柄挠曲而造成的需求增加。

2）C 型气动焊钳选型参数见表 2-3。

表 2-3　C 型气动焊钳选型参数

基本技术参数		内容
焊钳类型		C 型气动焊钳
焊钳本体	喉深 H/mm	
	喉宽 H/mm	
	行程/mm	
	最大行程/mm	
	最大加压力/kg·f	
变压器	类型(工频或中频)	
	容量/kV·A	
	最大电流	
焊钳的行程类型		□单行程 □双行程
※注:如果采用双行程焊钳,小开口行程/mm		
焊钳在机器人上的安装形式		

MOTOMAN-ES165D, MOTOMAN-ES200D, MO-TOMAN-ES165RD, MOTOMAN-ES200RD 机 器 人本体

适用的焊钳法兰有两种:

螺孔6×M10 带绝缘套

销孔 6×ϕ9H7

ϕ92

螺孔6×M10 带绝缘套

销孔 6×ϕ10H7

ϕ125

2. C 型电动焊钳的技术参数

1）C 型电动焊钳结构示意图如图 2-11 所示。

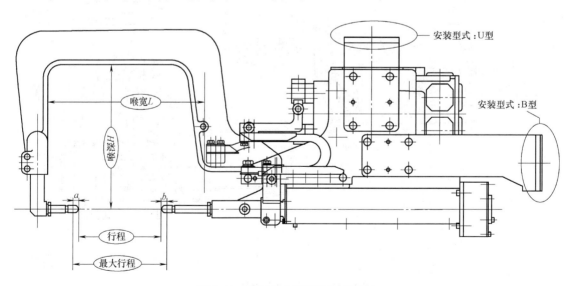

图 2-11　C 型电动焊钳结构示意图

注:a、b 是由于电极而造成的行程需求量,最大行程除 $a+b$ 外,还包括电极柄挠曲而造成的需求增加。

2）C 型电动焊钳选型参数见表 2-4。

表 2-4　C 型电动焊钳选型参数

基本技术参数		内容	MOTOMAN-ES165D, MOTOMAN-ES200D, MO-TOMAN-ES165RD, MOTOMAN-ES200RD 机器人本体
焊钳类型		C 型伺服焊钳	
焊钳本体	喉深 H/mm		适用的焊钳法兰有两种:
	喉宽 H/mm		
	行程/mm		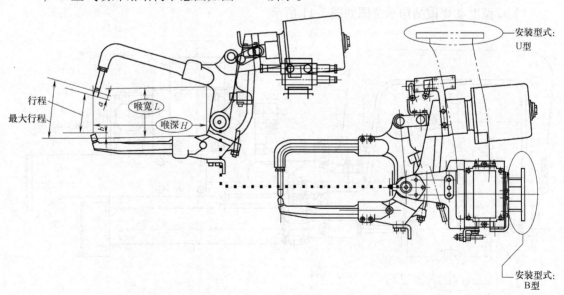
	最大行程/mm		
	最大加压力/kg·f		
变压器	类型(工频或中频)		
	容量/kV·A		
	最大电流		
伺服电动机型号			
焊钳在机器人上的安装形式			

3. X 型气动焊钳的技术参数

1) X 型气动焊钳结构示意图如图 2-12 所示。

图 2-12　X 型气动焊钳结构示意图

注: a、b 是由于电极而造成的行程需求量,最大行程除 a + b 外,还包括电极柄挠曲而造成的需求增加。

2) X 型气动焊钳选型参数见表 2-5。

表 2-5　X 型气动焊钳选型参数

基本技术参数		内容
焊钳类型		X 型气动焊钳
焊钳本体	喉深 H/mm	
	喉宽 H/mm	
	行程/mm	
	最大行程/mm	
	最大加压力/kg·f	
变压器	类型(工频或中频)	
	容量/kV·A	
	最大电流	
焊钳的行程类型		□单行程
		□双行程
※注:如果采用双行程焊钳,小开口行程/mm		
焊钳在机器人上的安装形式		

MOTOMAN-ES165D, MOTOMAN-ES200D, MOTO-MAN-ES165RD, MOTOMAN-ES200RD 机器人本体适用的焊钳法兰有两种:

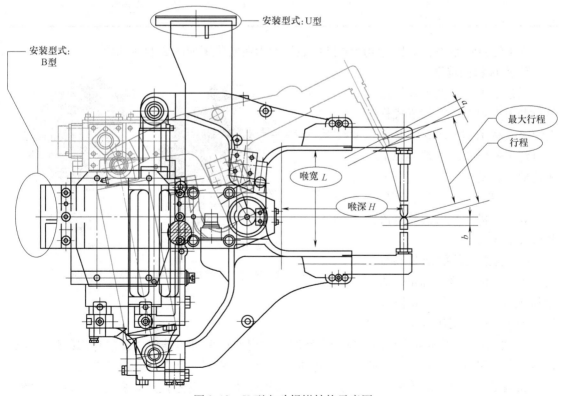

4. X 型电动焊钳的技术参数

1)X 型电动焊钳结构示意图如图 2-13 所示。

图 2-13　X 型电动焊钳结构示意图

注:a、b 是由于电极而造成的行程需求量,最大行程除 $a+b$ 外,还包括电极柄挠曲而造成的需求增加。

2）X 型电动焊钳选型参数见表 2-6。

表 2-6　X 型电动焊钳选型参数

基本技术参数		内容	MOTOMAN-ES165D，MOTOMAN-ES200D，MOTOMAN-ES165RD，MOTOMAN-ES200RD 机器人本体
焊钳类型		X 型伺服焊钳	
焊钳本体	喉深 H/mm		
	喉宽 H/mm		
	行程/mm		
	最大行程/mm		
	最大加压力/kg·f		
变压器	类型(工频或中频)		
	容量/kV·A		
	最大电流		
伺服电动机型号			
焊钳在机器人上的安装形式			

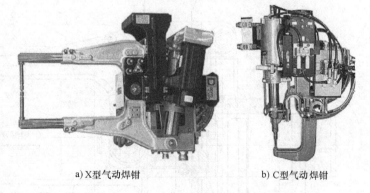

适用的焊钳法兰有两种：

螺孔 6×M10 带绝缘套

销孔 6×ϕ9H7

ϕ92

螺孔 6×M10 带绝缘套

销孔 6×ϕ10H7

ϕ125

在上述点焊钳中，X 型气动焊钳和 C 型气动焊钳实物图如图 2-14 所示。

5. 点焊钳的选型

无论是手工悬挂点焊钳还是机器人点焊钳，在订货式样上都有其特别的要求，它必须与点焊工件所要求的焊接规范相适应，其基本原则是：

1）根据工件和材质板厚，确定焊钳电极的最大短路电流和最大加压力。

2）根据工件的形状和焊点在工件上的位置，确定焊钳钳体的喉深、喉宽、电极握杆、最大行程、工作行程等。

a) X型气动焊钳　　b) C型气动焊钳

图 2-14　X 型气动焊钳和 C 型气动焊钳实物图

3）根据工件上所有焊点的位置分布情况，确定选择焊钳的类型。通常有四种焊钳比较普遍，即 C 型单行程焊钳、C 型双行程焊钳、X 型单行程焊钳和 X 型双行程焊钳。

在满足以上条件的情况下，尽可能地减小焊钳的质量。对悬挂点焊来说，可以减轻操作人员的劳动强度；对机器人点焊而言，可以选择低负载的机器人，并可提高生产效率。根据工件的位置尺寸和焊接位置，选择大开焊钳和小开焊钳，如图 2-15 所示。

根据工艺要求选择单行程气动焊钳和双行程气动焊钳，如图 2-16 所示。

焊钳的通电面积 = 喉深×喉宽，该面积越大，焊接时产生的电感越强，电流输出越困难。这时，通常要使用较大功率的变压器，或

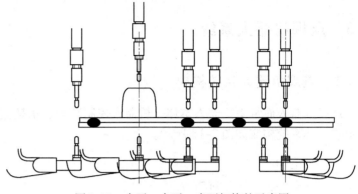

图 2-15　小开→大开→小开切换的示意图

采用逆变变压器进行电流输出。根据电极磨损情况选择焊钳尺寸，如图 2-17 所示。

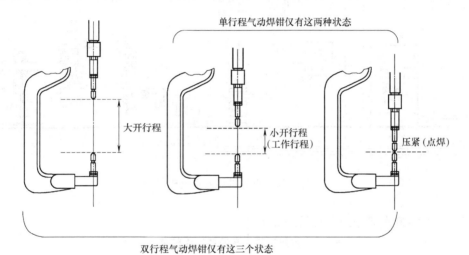

图 2-16　单行程气动焊钳和双行程气动焊钳

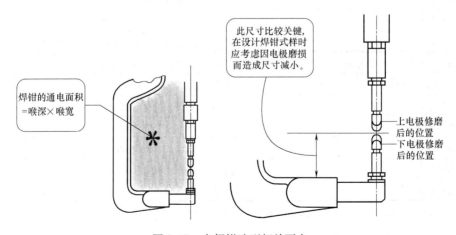

图 2-17　点焊钳选型相关要点

2.3　点焊机器人系统

2.3.1　点焊机器人系统构成

　　点焊机器人通常由机器人本体、机器人控制装置、示教盒、点焊钳及焊接系统等主要部分组成，其系统构成如图 2-18 所示。

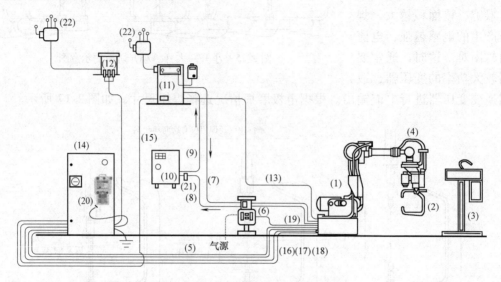

图 2-18　点焊机器人系统构成

　　图 2-18 中各组成部分的名称见表 2-7。

表 2-7　点焊机器人系统各组成部分的名称

序号	名　称	序号	名　称
(1)	机器人本体(ES165D/ES200D)★	(12)	机器人变压器★
(2)	伺服/气动点焊钳	(13)	焊钳供电电缆☆
(3)	电极修磨机	(14)	机器人控制柜(DX100)★
(4)	手首部集合电缆(GISO)	(15)	点焊指令电缆(I/F)◇
(5)	焊钳(气动/伺服)控制电缆 S1	(16)	机器人供电电缆 2BC★
(6)	气/水管路组合体☆	(17)	机器人供电电缆 3BC★
(7)	焊钳冷水管◇	(18)	机器人控制电缆 1BC★
(8)	焊钳回水管◇	(19)	焊钳进气管☆
(9)	点焊控制箱冷水管	(20)	机器人示教盒(PP)★
(10)	冷水机☆	(21)	冷却水流量开关☆
(11)	点焊控制箱◇	(22)	电源提供

　　注：★为机器人标准配置；◇为点焊设备标准配置；☆焊接设备标准附件。

　　点焊机器人系统各组成部分的功能归类见表 2-8。

表 2-8　点焊机器人系统各组成部分的功能归类

类型	设备代号(见图 2-18)	功能说明
与机器人相关	(1)、(4)、(5)、(13)、(14)、(15)、(16)、(17)、(18)、(20)	建立机器人与其他设备的联系,由日本安川引进
与点焊相关	(2)、(3)、(11)	实施点焊条件,点焊设备制造商配套提供
供气系统	(6)、(19)	仅在使用气动焊钳时使用,焊钳加压气缸完成点焊加压,系统设计者配备
供水系统	(7)、(8)、(9)、(10)、(21)	用于对设备(2)和(11)的冷却,系统设计者配备
供电系统	(12)、(22)	系统动力

2.3.2　焊接系统

焊接系统主要由焊接控制器（时控器）、焊钳（含阻焊变压器）及水、电、气等辅助部分组成，系统构成及原理如图 2-19 所示。

1. 焊钳

从阻焊变压器与焊钳的结构关系上可将焊钳分为分离式、内藏式和一体式三种形式。

（1）分离式焊钳　该焊钳的特点是阻焊变压器与钳体相分离，钳体安装在机器人手臂上，而焊接变压器悬挂在机器人的上方，可在轨道上沿着机器人手腕移动的方向移动，二者之间用二次电缆相连，其优点是减小了机器人的负载，运动速度高，价格便宜，如图 2-20 所示。

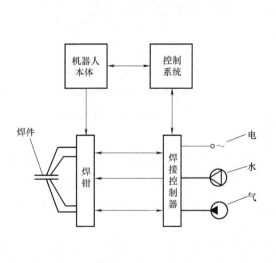

图 2-19　典型点焊机器人焊接系统构成及原理

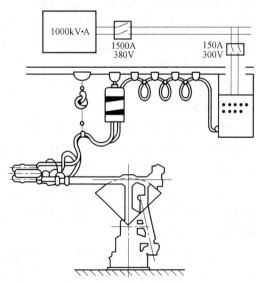

图 2-20　分离式焊钳点焊机器人

分离式焊钳的主要缺点是需要大容量的焊接变压器，电力损耗较大，能源利用率较低。此外，粗大的二次电缆在焊钳上引起的拉伸力和扭转力作用于机器人的手臂上，限制了点焊工作区间与焊接位置的选择。分离式焊钳可采用普通的悬挂式焊钳及阻焊变压器。

但二次电缆需要特殊的制造，一般将两条导线做在一起，中间用绝缘层分开，每条导线还要做成空心的，以便通水冷却。此外，电缆还要有一定的柔性。

（2）内藏式焊钳　这种结构是将阻焊变压器安放到机器人手臂内，使其尽可能地接近钳体，变压器的二次电缆可以在内部移动，当采用这种形式的焊钳时，必须同机器人本体统一设计。另外，极坐标或球面坐标的点焊机器人也可以采取这种结构。其优点是二次电缆较短，变压器的容量可以减小，但是使机器人本体的设计变得复杂。内藏式焊钳点焊机器人如图 2-21 所示。

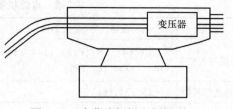

图 2-21　内藏式焊钳点焊机器人

（3）一体式焊钳　所谓一体式就是将阻焊变压器和钳体安装在一起，然后共同固定在机器人手臂末端的法兰盘上。

其主要优点是省掉了粗大的二次电缆及悬挂变压器的工作架，直接将焊接变压器的输出端连接到焊钳的上下机臂上，另一个优点是节省能量。例如，输出电流 12000A，分离式焊钳需 75kV·A 的变压器，而一体式焊钳只需 25kV·A。一体式焊钳的缺点是焊钳重量显著增大，体积也变大，要求机器人本体的承载能力大于 60kg。此外，焊钳重量在机器人活动手腕上产生的惯性力易引起过载，这就要求在设计时，尽量减小焊钳重心与机器人手臂轴线间的距离。阻焊变压器的设计是一体式焊钳的主要问题，由于变压器被限制在焊钳的小空间里，外形尺寸及重量都必须比一般的小，二次线圈还要通水冷却。目前，采用真空环氧浇注工艺制造出的小型集成阻焊变压器，例如：30kV·A 的变压器，体积为 $325 \times 135 \times 125 mm^3$，重量只有 18kg。一体式焊钳点焊机器人如图 2-22 所示。

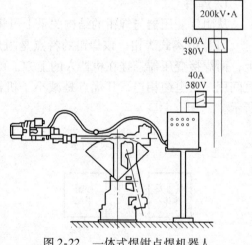

图 2-22　一体式焊钳点焊机器人

2. 焊接控制器

焊接（点焊）控制器的工作原理是：检测输入到被焊工件的二次电流、二次电压，以及获得到的相应于工件金属熔化状态的阻抗变化值，再反馈回机器人控制器中进行演算，输出最适焊接电流，并对每点的焊接电流进行记忆储存，为了下一点的焊接参数设定提供参考。这种电阻焊控制器可以通过控制焊接过程中的飞溅产生，保证焊点质量的同时，它还可以对电极的前端尺寸进行自动管理。

控制器根据预定的焊接监控程序，完成点焊时的焊接参数输入、点焊程序控制、焊接电流控制及焊接系统故障自诊断，并实现与本体计算机及手控示教盒的通信联系。常用的点焊控制器主要有以下 3 种结构形式。

（1）中央结构型　它将焊接控制部分作为一个模块与机器人大体控制部分共同安排在一个控制柜内，由主计算机统一管理并为焊接模块提供数据，焊接过程控制由焊接模块完成。这种结构的优点是设备集成度高，便于统一管理。

（2）分散结构型　分散结构型是焊接控制器与机器人本体控制柜分开，二者采用应答式通信联系，主计算机给出焊接信号后，其焊接过程由焊接控制器自行控制，焊接结束后给主机发出结束信号,以便主机控制机器人移位。这种结构的优点是调试灵活,焊接系统可单独使用,但需要一定距离的通信,集成度不如中央结构型高。分散结构型焊接循环如图 2-23 所示。

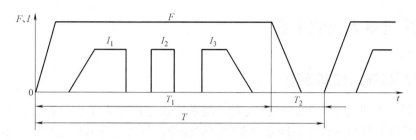

图 2-23　分散结构型焊接循环

注:T_1 为焊接控制器控制;T_2 为机器人主控计算机控制;

T 为焊接周期;F 为电极压力;I 为焊接电流。

焊接控制器与本体及示教器的联系信号主要控制焊钳大小行程、焊接电流增/减、焊接时间增减、焊接开始及结束、焊接系统故障诊断等。

(3) 群控系统　群控系统是将多台点焊接机器人(或普通焊机)与群控计算机相连,以便对同时通电的数台设备进行控制,实现部分焊接机器人的焊接电流分时交错,限制电网瞬时负载,稳定电网电压保证焊点质量。群控系统可以使车间供电变压器容量大大下降。此外,当某台机器人(或点焊机)出现故障时,群控系统启动备用的点焊机器人或对剩余的机器人重新分配工作,以保证焊接生产的正常进行。为了适应群控的需要,点焊机器人焊接系统都应增加"焊接请求"及"焊接允许"信号,并与群控计算机相连。

3. 点焊机器人对焊接系统的要求

1) 应采用具有浮动加压装置的专用焊钳,也可对普通焊钳进行改装。焊钳重量要轻,可具有长、短两种行程,以便于快速焊接及修整、更换电极,跨越障碍等。

2) 一体式焊钳的重心应设计在固定法兰盘的轴线上。

3) 焊接控制系统应能对阻焊变压器过热、晶闸管过热会使晶闸管短路或断路、气网失电压、电网电压超限、粘电极等故障进行自诊断及自保护,除通知本体停机外,还应显示故障种类。

4) 分散结构型控制系统应具有通信联系接口,能识别机器人本体及示教盒的各种信号并做出相应的反应。

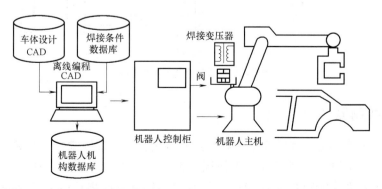

图 2-24　含 CAD 及焊接数据库系统的点焊机器人离线示教系统基本构成

4. 含 CAD 系统的点焊机器人系统

如果将点焊机器人与 CAD 系统建立起通信功能，则可以进行离线示教。含有 CAD 及焊接数据库系统的点焊机器人离线示教系统基本构成，如图 2-24 所示。

2.4　点焊机器人控制系统

2.4.1　点焊机器人控制原理

点焊机器人在进行工作时，机器人主控制系统认定机器人示教位置后，再通过机器人 I/O 板的 OUTPUT 口向焊钳电磁阀发出关闭焊钳命令，气缸电磁阀线圈被接入 24V 直流电开始动作，气缸内被通入压缩空气，活塞杆产生位移，气缸位移的到位信息主要由位置接近开关进行有效反馈，此信息反馈到机器人主控系统内，机器人主控系统再通过机器人 I/O 板向焊接控制箱发出焊接命令。焊接控制箱向机器人 I/O 板发出焊接准备好命令，此命令被反馈给机器人主控制系统，机器人主控系统发出规范号调用命令，规范号采用 8421 码，即 16 个规范，焊接控制箱启动预存的规范号码，输出所要求的焊接时间、电流进行焊接。焊接完毕后，焊接控制箱发出焊接完成信号，机器人主控制系统确定此信号后，经 I/O 板的 OUTPUT 口发出打开焊钳命令。气缸电磁阀断电，阀芯复位，气缸反向进气，焊钳打开的位置由安装在气缸的接近开关反锁，此信息再次反馈进入机器人主控系统，机器人主控系统向机器人运动系统发出移动信息，如图 2-25 所示。

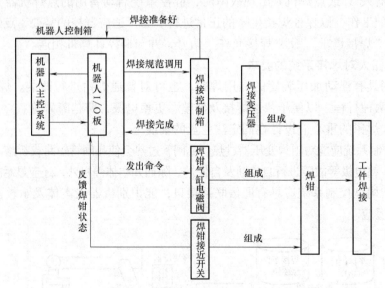

图 2-25　点焊机器人控制原理

2.4.2　点焊控制器

焊钳变压器为点焊过程提供通电焊钳电极的电流，而点焊控制器（也称为"定时器"），是对点焊过程的各阶段进行时长（通常按周波数设定）控制的设备。如 PH5—7003 型点焊焊接控制器的控制方式为可控硅同期式位相控制，具有根据焊接电流反馈的恒电流控制功能、电流升级功能、各种监控以及报警功能，可根据预定的焊接监控程序，完成点焊时的焊接参数输入、点焊程序控制、焊接电流控制及焊接系统故障自诊断。焊接控制器与本体及示教盒联系信号主要有焊接电流增/减信息、焊接时间增减、焊接开始及结束、焊接系统故障等，其控制时序图如图 2-26 所示。

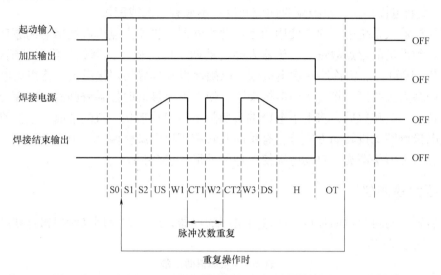

图 2-26　PH5—7003 型点焊控制器控制时序图

2.5　辅助设备

2.5.1　电极修磨器

电极修磨器也称作电极修磨机，在点焊生产时，电极上通过的电流密度很大，再加上同时作用的比较大的加压力，电极表面就会出现变形，电极极易失去其原有的形状，这样对焊核的大小就不能很好的控制。同时，由于电极在焊接过程中受到高温而与车身板件发生合金氧化反应，影响电极的导电性能，点焊时通电电流值就不能得到很好的保证，可能出现虚焊、爆焊等不良焊接，为了消除这些不利因素对焊接质量的影响，必须使用电极修磨机定期对电极进行修磨。电极修磨器分为手工修磨机和自动修磨器。手工修磨机可以参照以下方法进行修磨工序的管理。

（1）电极出现下列情况应当修磨

1）电极边沿发毛或端面直径超过 8mm。

2）电极接触端直径小于 6mm。

3）电极面不平，有明显凹坑或者太尖。

4）上下电极错位，修磨电极无法达到理想效果时，可调整电极。

（2）手工电极修磨的方法　将"焊接/调整"开关置于"调整"，先修磨电极侧面一周，然后修磨电极端部平面。电极修磨后要用试板焊接、检验，对焊点质量、电极修磨情况进行检查。

（3）电极帽修磨及更换的注意事项

1）电极修磨时，应保证上下两个接触面对称，不能有偏差大于0.5mm。

2）电极修磨时，上下接触面要平，不能有缝隙产生。

3）电极修磨时，上下两电极接触面不能过小或过大，修磨时应保证接触面直径在6～8mm之间，电极锥度不小于45°，可根据现场情况适当调整。

4）更换新电极帽时，电极帽表面应光滑，不能有凸起或凹坑。

在点焊机器人系统中，通常使用的是自动修磨器。机器人点焊电极修磨的原理是：当机器人点焊达到设定的焊点数量后，机器人会自动调用修磨程序，例如：普通碳钢材料焊接，每焊接800～1000点就需修磨一次电极帽，以确保得到良好的焊接质量。将焊钳电极移动到修磨器的修磨刀头两侧，将上下两电极夹紧，使上下电极同时接触修磨器的双面刀片，修磨机的刀头转过一定转数后，将上下电极端头切削出与刀片形状一致的端面。电极修磨机及刀头的种类电极修磨机按转动方式分，有单向旋转和正反向旋转两种。刀头按切削刃的数量分单刃刀头和多刃刀头两类。自动电极修磨器的外形见表2-9a。

2.5.2　压力检测仪

压力检测仪是对焊钳的加压状况进行检测的仪器，通常它只用来对焊钳定期的加压状况进行测试，见表2-9b。

表2-9　点焊辅助设备

a) 自动电极修磨器	b) 点焊条件（电流/加压力）测定工具（定期检查使用）	c) 点焊条件显示器
	电流加压力/一体检测工具	便携式
	电流感应线圈	固定式

2.5.3　电流检测仪

电流检测仪是对点焊质量进行控制的仪器。在使用上，它可以用于定期对点焊控制器的电流输出状况进行检测，也可以用来对点焊生产中所有的焊点进行实时的电流监视，并可输出点焊时的电流输出状况，见表2-9c。

提示：点焊时的通电电流和焊钳的加压力都是非常重要的点焊要素，在系统调试之初，设备操作人员需对焊接设备的电流和加压力状况进行充分的测试，以确保后续操作的顺利进行。

思 考 题

1. 简述点焊机器人的系统构成。
2. 焊钳的种类有哪些？
3. 简述点焊控制器的作用及原理。
4. 电极修磨机的作用是什么？简述机器人点焊电极修磨过程。

第3章 点焊机器人编程应用

3.1 示教编程器

3.1.1 NX100 示教编程器

1. 常用的词汇定义

MOTOMAN 是安川电机工业机器人的商品名，本书所列举的 ES165D 机器人设备是由机器人本体、NX100 机器人控制柜、NX100 示教编程器和供电电缆构成的。设备的表示方法见表3-1。

表3-1 设备的表示方法

设 备	本书表示方法
NX100 控制柜	NX100
NX100 示教编程器	示教编程器
机器人与控制柜间的电缆	供电电缆

示教编程器的键、按钮、画面的表示方法，见表3-2。

表3-2 示教编程器的键、按钮、画面的表示方法

操作设备		本书表示方法
示教编程器	文字键	文字键名用【】表示,例如:【回车】
	图形建	图形键不用【】,在键名后直接用图形表示,例如:翻页键 ,只有光标键例外,不用图形表示
	轴操作键和数值键	轴操作键、数值键总体称呼时,分别称作轴操作键、数值键
	同时按键	同时按两个键时,如【转换】+【坐标】键,在两个键之间加上" + "号
	画面	画面中的菜单用｛｝表示,例如:｛程序｝

2. 操作步骤的表达方式

操作步骤的说明中，如果是"选择……"表示的操作方法，是把光标移到选择对象上，再按（选择）键，或者是使用触摸屏直接触摸画面选择项目。

3.1.2 示教编程器图示

示教编程器（NX100）上用于对机器人进行示教和编程所需的操作键和按钮，如图 3-1 所示。

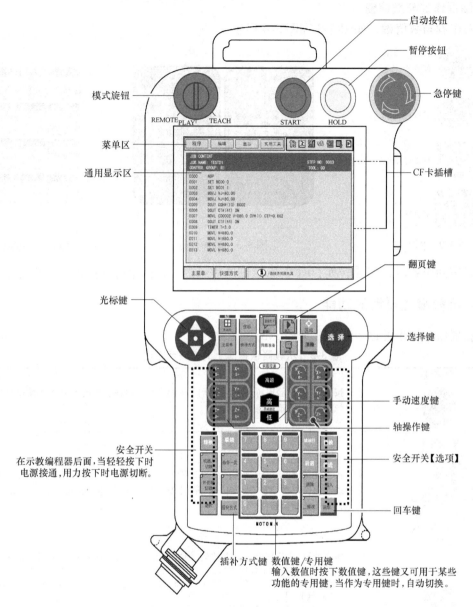

图 3-1　示教编程器按键示意

3.1.3　示教编程器键的类别

1. 文字键

文字键用【】表示，例如：用【回车】来表示。数值键除了输入数字外还有其他功能，在文字中，键只表示正在使用的功能，如：键输入数字时，用【1】来表示，输入定时命令时用【定时器】来表示。

2. 图形键

图形键不使用【】号，在键名的后面附加图形来表示，只有光标键例外，此键不附加图形，如图 3-2 所示。

3. 轴操作键与数值键

轴操作键与数值键，如图 3-3 和图 3-4 所示。

 光标

 急停键

 直接打开键

 翻页键

图 3-2　图形键　　　　图 3-3　轴操作键　　　　图 3-4　数值键

同时按两个键时，如【转换】+【坐标】键所表示的，在两个键中间加"＋"号。

3.1.4　示教编程器键的功能

示教器编程器上的键表示方法见表 3-3。

表 3-3　示教器编程器上的键表示方法

急停键	按下此键,伺服电源切断。切断伺服电源后,示教编程器的 SERVO ON LED 的指示灯熄灭,屏幕上显示急停信息
安全开关	按下此键,伺服电源接通。在 SERVO ON LED 的指示灯闪烁状态下,安全开关 ON,模式旋钮设定在"TEACH"时,轻轻握住安全开关,伺服电源接通;此时,若用力握紧,则伺服电源被切断
光标	按下此键,光标朝箭头方向移动,根据画面的不同,光标的大小、可移动的范围和区域有所不同。在显示程序内容的画面中,光标在"NOP"行时,按光标键的"上",光标将跳到程序最后一行;光标在"END"行时,按光标键的"下",光标将跳到程序第一行 ●【转换】+【上】:退回画面的前页 ●【转换】+【下】:翻至画面的下页 ●【转换】+【右】:向右滚动程序内容画面、再现画面的命令区域 ●【转换】+【左】:向左滚动程序内容画面、再现画面的命令区域
【选择】 选择	选择"主菜单"、"下拉菜单"的键
【主菜单】 主菜单	显示主菜单,在主菜单显示的状态下按下此键,主菜单关闭。当一个窗口打开时,按下【转换】+【主菜单】此两键,窗口按以下顺序变换:窗口→子菜单→主菜单

（续）

【区域】 区域	按下此键,光标在"菜单区"和"通电显示区"间移动,当同时按【转换】键时,则 • 【转换】+【区域】:具有双语功能时,可以进行语言转换(双语功能是选项) • 光标键【下】+【区域】:把光标移动到屏幕上显示的操作键上 • 光标键【上】+【区域】:当光标在操作键上时,把光标移动到通用显示区
【翻页】 	按下此键,显示下页 • 【转换】+【翻页】:和【转换】同时按下显示上页;只有在屏幕的状态区域显示图标 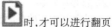时,才可以进行翻页
【直接打开】 直接打开	按下此键,显示与当前行相关联的内容。显示程序内容时,把光标移到命令上,按下此键后,显示与此命令相关的内容。例如:对于 CALL 命令,显示被调用的程序内容;对于作业命令,显示条件文件的内容;对于输入输出命令,显示输入输出状态
【坐标】 坐标	手动操作时,机器人的动作坐标系选择键。可在关节、直角、圆柱、工具和用户 5 种坐标系中选择。每按一次此键,坐标系按以下顺序变化:关节→直角/圆柱→工具→用户,被选中的坐标系显示在状态区域 • 【转换】+【主菜单】:坐标系为关节或用户坐标系时,按下此两键,可更改坐标序号
手动速度键 高 手动速度 低	手动操作时,机器人运行速度的设定键。此时,设定的速度在【前进】和【后退】的动作中均有效。手动速度有 4 个等级,即低、中、高和微动 每按一次【高】,速度按以下顺序变化:微动→低 →中→高;每按一次【低】,速度按以下顺序变化:高→中→低→微动,被设定的速度显示在状态区域
【高速】 高速	手动操作时,按住轴操作键,同时再按此键,此时,机器人可快速移动,没有必要进行速度修改。按此键时的速度,预先已设定
【插补方式】 插补方式	再现运行时,机器人插补方式的指定键。所选定的插补方式种类显示在输入缓冲区。每按一次此键,插补方式做如下变化: MOVJ→MOVL →MOVC→MOVS • 【转换】+【主菜单】:按下此两键,插补方式按以下顺序变化:标准插补方式* →外部基准点插补方式*→传送带插补方式*,在任何模式下,均可变更插补方式
【机器人切换】 机器人 切换	轴操作时,机器人轴操作键。在 1 个 NX100 控制多台机器人的系统或带有外部轴的系统中,【机器人切换】键有效
【外部轴切换】 外部轴 切换	轴操作时,外部轴(基座轴或工装轴)切换键。在带有外部轴的系统中,【外部轴切换】键有效
轴操作键 	对机器人各轴进行操作的键。只有按住轴操作键,机器人才动作。可以按住两个或更多的键,操作多个轴。机器人按照选定坐标系和手动速度运行,在进行轴操作前,要确认设定的坐标系和手动速度是否正确

（续）

【试运行】 试运行	同时按下此键与【联锁】键时，机器人运行，可把示教的程序点作为连续轨迹加以确认。在三种循环方式中（连续、单循环和单步），机器人按照当前选定的循环方式运行 　•【联锁】+【试运行】：同时按下此两键，机器人沿示教点连续运行。在连续运行中，松开【试运行】键，机器人停止运行
【前进】 前进	按住此键时，机器人按照示教的程序点轨迹运行，只执行移动命令 　•【联锁】+【前进】：执行移动命令以外的其他命令 　•【转换】+【前进】：连续执行移动命令 　•【参考点】+【前进】：机器人按照设定的手动速度运行，在开始操作前，请务必确认设定的手动速度是否正确
【后退】 后退	按住此键时，机器人按示教的程序点轨迹逆向运行，只执行移动命令 　机器人按照设定的手动速度运行，在开始操作前，务必确认设定的手动速度是否正确
【命令一览】 命令一览	在程序编辑中，按下此键后显示全部的可输入命令
【清除】 消除	按下此键，清除输入中的数据和错误
【删除】 删除	按下此键，删除已输入的命令。此键指示灯点亮时，按下【回车】键删除完成
【插入】 插入	按下此键，插入新命令。此键指示灯点亮时，按下【回车】键插入完成
【修改】 修改	按下此键，修改示教的位置数据、命令等。此键指示灯点亮时，按下【回车】键修改完成
【回车】 回车	执行命令或数据的登录、机器人当前位置的登录、与编辑操作等相关的各项处理时最后的确认键 　在输入缓冲中显示的命令或数据，按下【回车】键后，会转到显示屏的光标所在位置，完成输入、插入、修改等操作

（续）

【转换】 转换	与其他键同时使用,有各种不同功能。可与转换键同时使用的键有【主菜单】、【坐标】、【插补方式】、光标、数值键、翻页键 📷,关于【转换】键与其他键同时使用的功能
【联锁】 联锁	与其他键同时使用,有各种不同功能。可与【联锁】键同时使用的键有【试运行】、【前进】、数值键(数值键的用户定义功能),关于【联锁】键与其他键同时使用的功能
数值键	输入行" > ",按动数值键可输入数值和符号。其中," . "是小数点," - "是减号或连字符。数值键也可作为用途键来使用
【启动】 START	按下此按钮,机器人开始再现运行。再现运行中,此指示灯亮。通过专用输入的启动信号使机器人开始再现运行时,此指示灯也亮。由于发生报警、暂停信号或转换模式使机器人停止再现运行时,该指示灯熄灭
【暂停】 HOLD	按下此键,机器人暂停运行。此键在任何模式下均可使用 　　此键指示灯只在按住此键时灯亮,放开时熄灭。机器人未得到再次启动命令时,即使此灯熄灭,机器人仍处于停止状态。暂停指示灯亮时,表示系统进入暂停状态,在以下情况下,该灯也自动点亮。另外,该灯亮时机器人不能启动及进行轴操作 　●通过专用输入使暂停信号 ON 　●远程模式时,通过外部设备发出暂停要求 　●各种作业引起的停止(例如:弧焊时的焊接异常等)
模式旋钮 REMOTE　TEACH PLAY	选择再现模式、示教模式或远程模式
	PLAY:再现模式 可对示教完的程序进行再现运行。在此模式下,外部设备发出的启动信号无效
	TEACH:示教模式 可用示教编程器进行轴操作和编辑。在此模式下,外部设备发出的启动信号无效
	REMOTE:远程模式 可通过外部信号进行操作。在此模式下,【START】按钮无效
【多画面】 布局 ▦ 多画面	按下此键,可显示多个画面,最多同时可显示 4 个画面 　　此功能是将来的功能,目前无此功能 　●【转换】+【多画面】:显示选择多画面显示形式的对话框
【快捷方式】 快捷方式	按下此键,显示快捷选择对话框。此功能是将来的功能,目前无此功能 　　登录操作中经常打开的画面,在快捷选择对话框中,只要一单击登录的画面,可立即显示
【伺服准备】 伺服准备	按下此键,伺服电源有效接通。由于急停、超程等原因,则伺服电源被切断后,用此键有效地接通伺服电源。按下此键后 　●再现模式时,安全栏关闭的情况下,伺服电源被接通 　●示教模式时,此键的指示灯闪烁,安全开关接通的情况下,伺服电源被接通 　●伺服电源接通期间,此键指示灯亮

（续）

【辅助】 !? 辅助	按下此键,对应当前画面,出现帮助操作的菜单。此功能是将来的功能,目前无此功能。当光标在程序编辑画面时,按下此键,显示复制、剪切、粘贴、撤销、插入命令等程序编辑操作的菜单。在文件编辑画面时,按下此键,显示与操作对应的帮助指导。 ●【转换】+【辅助】:显示和【转换】键一起使用的键的功能表 ●【联锁】+【辅助】:显示和【联锁】键一起使用的键的功能表
【退位】 退位	输入字符时,删除最后一个字符

注:"＊"表示选项功能。

3.1.5　示教编程器的画面显示

1. 五个显示区

示教编程器的显示屏是6.5英寸的彩色显示屏，能够显示数字、字母和符号。显示屏分为五个显示区，即通用显示区、菜单区、人机接口显示区和主菜单区，可以通过按下【区域】键从显示屏上移开，或用直接触摸屏幕的方法选中对象，如图3-5所示。

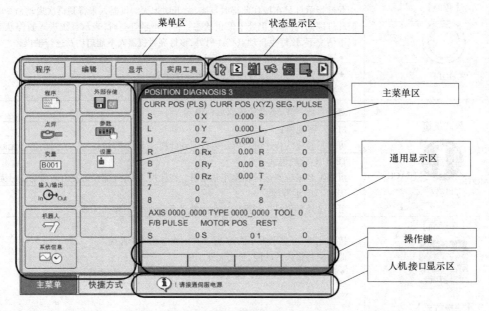

图 3-5　示教编程器的五个显示区

操作中，显示屏上显示相应的画面，该画面的名称显示在通用显示区的左上角，如图3-6所示。

2. 通用显示区

在通用显示区，可对程序、特性文件、各种设定进行显示和编辑。根据画面的不同，画面下方显示操作键。

1）按【区域】+光标【下】键，光标从通用显示区移动到操作键。

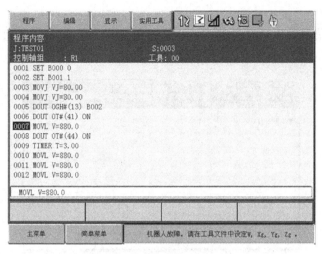

图 3-6 画面的名称显示

2）按【区域】+光标【上】键，或按【清除】键，光标从操作键移动到通用显示区。

3）按光标【左】或光标【右】键，光标在操作键之间移动。

4）要执行哪个操作键，则把光标移动到该操作键上，然后按【选择】键。

各操作键的用途如下：

① 执行：继续操作在通用显示区显示的内容，回到前一画面。

② 清除：清除通用显示区显示的内容。

③ 完成：完成在通用显示区显示的设定的操作。

④ 中断：当用外部存储设备进行安装、存储、校验时，可以中断处理。

⑤ 解除：设定接解除超程和碰撞传感功能。

⑥ 消除：消除报警（不能消除重大报警）。

⑦ 指定进入页面：跳转到指定画面。

5）在可以切换页面的画面，选择"进入指定页面"后，在对话框中直接输入页号，再按【回车】键，如图 3-7 所示。

在页面可以列表选择时，选择"进入指定页面"后，显示列表，通过上下移动光标选定所需条目后，按【回车】键，如图 3-8 所示。

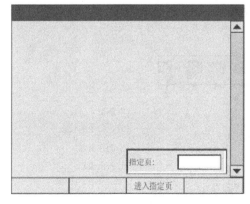

图 3-7 选择"进入指定页面"

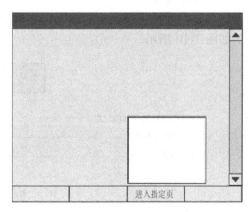

图 3-8 显示列表

3. 主菜单区

每个菜单和子菜单都显示在主菜单区，通过【主菜单】键或单击画面左下角的【主菜单】，显示主菜单，如图3-9所示。

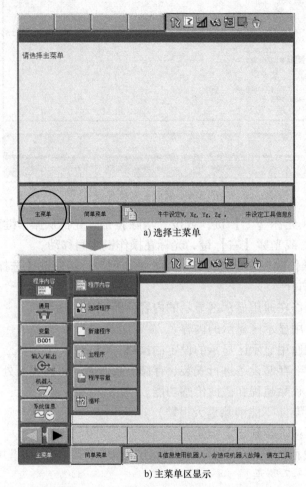

图 3-9　主菜单区

4. 状态显示区

状态显示区显示控制柜的状态，显示的信息根据控制柜的模式不同（再现/示教）而改变，如图3-10所示。

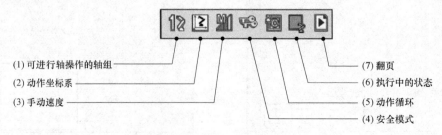

(1) 可进行轴操作的轴组　　　(7) 翻页
(2) 动作坐标系　　　(6) 执行中的状态
(3) 手动速度　　　(5) 动作循环
　　　(4) 安全模式

图 3-10　控制柜的状态显示

（1）可进行轴操作的轴组　在带工装轴的系统和有多台机器人轴的系统中，轴操作时，显示可能操作的轴组，如图 3-11 所示。

（2）动作坐标系　显示被选择的坐标系，通过按【坐标】键来选择坐标系，如图 3-12 所示。

（3）手动速度　显示被选定的手动速度，根据操作人员熟练程度和需要而选择，如图 3-13 所示。

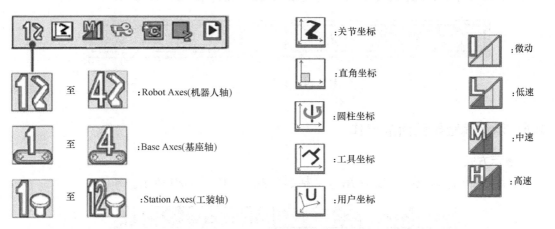

图 3-11　机器人系统轴的组合选择图标　　　图 3-12　动作坐标系显示　　　图 3-13　手动速度显示

（4）安全模式　安全模式显示如图 3-14 所示。

（5）动作循环　动作循环显示，如图 3-15 所示。

（6）执行中的状态　显示当前状态（停止、暂停、急停、报警或运行），如图 3-16 所示。

图 3-14　安全模式显示　　　　图 3-15　动作循环显示　　　　图 3-16　当前执行中的状态显示

（7）翻页　翻页时的显示，如图 3-17 所示。

5. 人机接口显示区

当有两个以上的错误信息时，人机接口显示区显示 标记，如图 3-18 所示。

激活人机接口显示区，按下【选择】键，可浏览当前错误表；按下【清除】键，关闭错误表。

:能够翻页时显示

图 3-17　翻页时的显示　　　　　　　　图 3-18　两个以上的错误信息显示

6. 菜单区

用于编辑程序、管理程序、执行各种食用工具的功能，如图 3-19 所示。

图 3-19　菜单区显示

3.1.6　示教编程器画面的操作

1. 表示方式

示教编程器画面中显示的菜单用 ‖ 括起来表示，如图 3-20 所示。

图 3-20　画面中的菜单显示

以上菜单分别用 ｛数据｝、｛编辑｝、｛显示｝、｛实用工具｝ 表示，如图 3-21 所示。

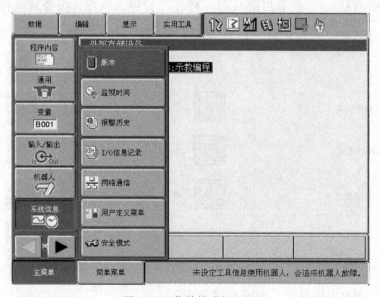

图 3-21　菜单的明细显示

下拉菜单用同样的方法表示。

2. 显示屏

画面根据不同的需要显示不同部位，如图 3-22 所示。

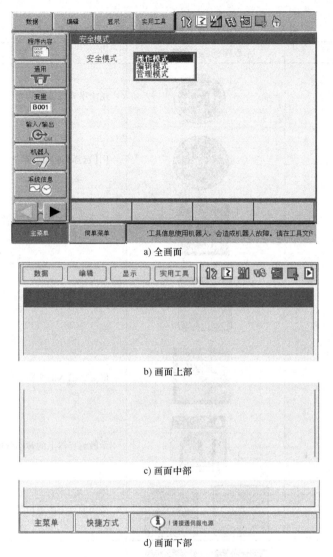

图 3-22　显示屏中显示的不同部位

3. 指导显示

通过对以下键的操作，可以显示辅助操作的信息。

1）按【转换】+【辅助】键，显示和【转换】键一起使用的键的功能表。

2）按【联锁】+【辅助】键，显示和【联锁】键一起使用的键的功能表。

4. 文字输入操作

在文字输入画面中，显示软键盘，把光标移动到准备输入的字符上，按下【选择】键，字符进入对话框。

软键盘共有三种，即大写字母、小写字母和符号软键盘。字母软键盘和符号软键盘的切换方法是点画面上的按钮或按示教编程器上的【翻页】键。字母软键盘的大小写切换，可单击"CapsLock OFF"或"CapsLock ON"。

（1）示教编程器上按键图标的对照及说明　示教编程器上按键的操作图标的对照及说

明，见表3-4。

表3-4　示教编程器上按键的操作图标的对照及说明

键　盘	示教编程器上的按键	说　明
*1	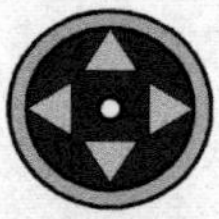	用十字光标键移动光标
*1	 选择	用【选择】键选择字符
"清除"	 消除	清除所有正在输入字符。按两次此键,停止输入方法编辑
"退位"	 退位	删除前一个字符
"回车"	 回车	确定已输入的文字
"按钮"	 返回　翻页	示教编程器上的转换软键盘的开关
"清除"	 主菜单　或　快捷方式 	关闭输入方法编辑画面
"0" ~ "9"	 0　至　9 	输入数字

注:*1 表示在显示屏上直接触摸选定的对象。

（2）字符的输入　数字的输入可以用数值键，也可以用显示屏中的数字画面输入。数字包括0~9、小数点（.）和减号/连字符（-）。

注意：程序的名称不能使用小数点。

按翻页键[图]，使画面显示字符软键盘，把光标移到要选择的字符上，按【选择】键进行确认。

数字和大写字母及数字和小写字母画面，如图3-23和图3-24所示。

（3）符号的输入　按翻页键[图]，使画面显示字符软键盘，把光标移到想选择的字符上，按【选择】键进行确认。符号的输入界面如图3-25所示。

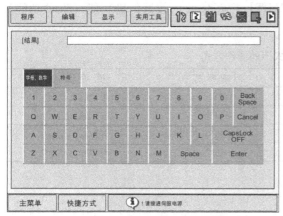

图 3-23　数字和大写字母

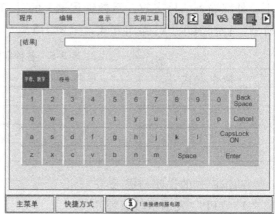

图 3-24　数字和小写字母

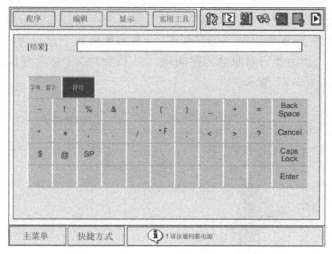

图 3-25　符号的输入界面

注意：在程序命名的情况下，符号输入画面不能显示，因为符号不能作为程序名称。SP 为空格键。

3.1.7　动作模式

NX100 控制柜有三种动作模式，即示教模式、再现模式和远程模式。

1. 示教模式

在示教模式下可以进行：示教程序的编制，已登录程序的修改，各种特性文件和参数的设定。

2. 再现模式

在再现模式下可以进行：示教程序的再现和各种条件文件的设定、修改或删除。

3. 远程模式

在远程模式下，可以通过外部输入信号指定进行以下操作：

接通伺服电源、启动、调出主程序、设定循环等与开始运行有关的操作，在远程模式下，外部输入信号有效，示教编程器上的【START】按钮失效，数据传输功能（选项功能）有效。各种模式下的操作方式，见表 3-5。

表 3-5　各种模式下的操作方式

操 作 方 式	示 教 模 式	再 现 模 式	远 程 模 式
伺服准备	PP	PP	外部输入信号
启动	无效	PP	外部输入信号
循环变更	PP	PP	外部输入信号
调出主程序	PP	PP	外部输入信号

动作模式的说明与提示：

1）"PP" 表示示教编程器。

2）示教模式优先。处于安全方面的考虑，模式切换时，示教模式优先。在示教模式下，从外部设备输入的信号无效，再现运行用的【START】按钮也无效。

3）编辑程序与执行程序。NX100 随时可调出保存在存储器内的程序，进行程序的编辑和执行。作为编辑对象的程序叫做"编辑程序"，是示教模式下显示程序内容时所显示的程序，如图 3-26 所示。作为执行对象的程序叫做"执行程序"，是再现模式下显示程序内容时所显示的程序，如图 3-27 所示。

 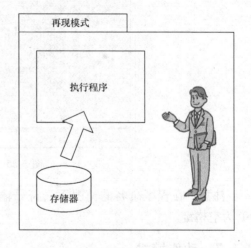

图 3-26　示教模式下显示程序内容　　　　　图 3-27　再现模式下显示程序内容

在示教编程器上对动作模式进行切换，编辑程序和执行程序之间不发生转换，在再现模式下运行一个编辑程序，首先把模式转换成再现模式，然后读出程序。

3.1.8　安全模式

1. 安全模式的类型

（1）操作模式　是指面向生产线中进行机器人动作监视的操作人员的模式，主要可进行机器人启动、停止、监视操作以及进行生产线异常时的恢复作业等。

（2）编辑模式　是指面向进行示教作业的操作人员的模式，比操作模式可进行的作业有所增加，可进行机器人的缓慢动作、程序编辑和各种动作文件的编辑。

（3）管理模式　是指面向进行系统设定及维护的操作人员的模式，比编辑模式可进行的作业有所增加，可进行参数设定、时间设定、用户口令设定的修改等机器管理。

在编辑模式和管理模式下的任何操作，都要设定用户口令。用户口令由 4~8 位字母、数字或符号组成。菜单与安全模式的对应表，见表 3-6。

表 3-6　菜单与安全模式对应表

主　菜　单	子　菜　单	允许安全模式	
		显示	编辑
程序	程序内容	操作模式	编辑模式
	选择程序	操作模式	编辑模式
	新建程序①	操作模式	编辑模式
	主程序	操作模式	编辑模式
	程序容量	操作模式	—
	预约启动程序①	编辑模式	编辑模式
	作业预约状态②	操作模式	—
变量	字节型	操作模式	编辑模式
	整数型	操作模式	编辑模式
	双精度型	操作模式	编辑模式
	实数型	操作模式	编辑模式
	字符型	操作模式	编辑模式
	位置型(机器人)	操作模式	编辑模式
	位置型(基座)	操作模式	编辑模式
	位置型(工装轴)	操作模式	编辑模式
输入/输出	外部输入	操作模式	—
	外部输出	操作模式	—
	通用输入	操作模式	—
	通用输出	操作模式	编辑模式
	专用输入	操作模式	—
	专用输出	编辑模式	—
	RIN	操作模式	—
	CPRIN	操作模式	—
	寄存器	操作模式	—
	辅助继电器	操作模式	—
	控制输入	操作模式	—
	虚拟输入信号	操作模式	管理模式
	网络输入	编辑模式	—
	模拟输出	操作模式	—
	伺服电源接通状态	操作模式	—
	梯形图程序	管理模式	管理模式
	输入/输出报警	管理模式	管理模式
	输入/输出信息	管理模式	管理模式

（续）

主 菜 单	子 菜 单	允许安全模式	
		显示	编辑
机器人	当前内容	操作模式	—
	命令位置	操作模式	—
	伺服检测 *1	管理模式	—
	作业原点位置	操作模式	编辑模式
	第二原点位置	操作模式	编辑模式
	落下量	管理模式	管理模式
	电源通/断位置	操作模式	—
	工具	编辑模式	编辑模式
	干涉	管理模式	管理模式
	碰撞检测等级	操作模式	管理模式
	用户坐标	编辑模式	编辑模式
	原点位置	管理模式	管理模式
	机器人类型	管理模式	—
	机器人校准	编辑模式	编辑模式
	模拟量监测	管理模式	管理模式
	超程和碰撞传感器①	编辑模式	编辑模式
	解除极限①	编辑模式	管理模式
	ARM 控制①	管理模式	管理模式
	偏移量	操作模式	—
系统信息	监视时间	操作模式	管理模式
	报警历史	操作模式	管理模式
	I/O 信息历史	操作模式	管理模式
	版本	操作模式	—
外部存储	安装	编辑模式	—
	保存	操作模式	—
	校验	操作模式	—
	删除	操作模式	—
	设备	操作模式	操作模式
参数	SICxG	管理模式	管理模式
	S2C	管理模式	管理模式
	S3C	管理模式	管理模式
	S4C	管理模式	管理模式
	A1P	管理模式	管理模式
	A2P	管理模式	管理模式
	A3P	管理模式	管理模式

（续）

主　菜　单	子　菜　单	允许安全模式	
		显示	编辑
参数	A4P	管理模式	管理模式
	RS	管理模式	管理模式
	S1E	管理模式	管理模式
	S2E	管理模式	管理模式
	S3E	管理模式	管理模式
	S4E	管理模式	管理模式
设置	示教条件	编辑模式	编辑模式
	操作条件	管理模式	管理模式
	日期/时间	管理模式	管理模式
	设置轴组	管理模式	管理模式
	设置语言	编辑模式	编辑模式
	预约程序名	编辑模式	编辑模式
	用户口令	编辑模式	编辑模式
	设置速度	管理模式	管理模式
	键定义[1]	管理模式	管理模式
	预约启动连接	管理模式	管理模式
弧焊	引弧条件	操作模式	编辑模式
	息弧条件	操作模式	编辑模式
	焊接辅助条件	操作模式	编辑模式
	焊机特性	操作模式	编辑模式
	弧焊管理	操作模式	编辑模式
	摆焊	操作模式	编辑模式
搬运	搬运诊断	操作模式	编辑模式
点焊	焊接管理	操作模式	编辑模式
	I/O信号分配	管理模式	管理模式
	焊钳特性	管理模式	管理模式
	焊机特性	管理模式	管理模式
点焊(伺服焊钳)	焊钳管理	操作模式	编辑模式
	焊钳压力	编辑模式	编辑模式
	空打压力	编辑模式	编辑模式
	I/O信号分配	管理模式	管理模式
	焊钳特性	管理模式	管理模式
	焊机特性	管理模式	管理模式
	间隙设定	操作模式	编辑模式
通用	通用诊断	操作模式	编辑模式
	摆焊	操作模式	编辑模式

① 表示仅在示教模式下显示。
② 表示仅在再现模式下显示。

2. 安全模式的变更

安全模式的变更操作步骤见表3-7。

表 3-7　安全模式的变更操作步骤

序号	操 作 步 骤	说 明
1	在主菜单中选择(信息系统)	显示子菜单 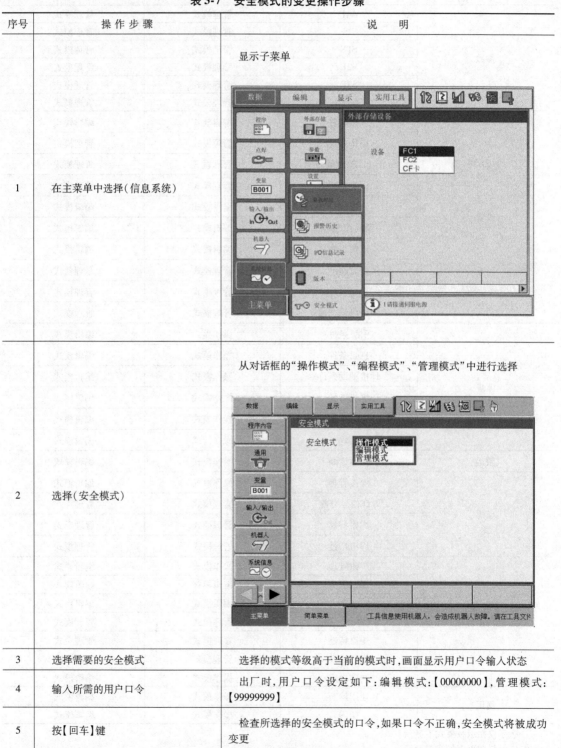
2	选择(安全模式)	从对话框的"操作模式"、"编程模式"、"管理模式"中进行选择
3	选择需要的安全模式	选择的模式等级高于当前的模式时,画面显示用户口令输入状态
4	输入所需的用户口令	出厂时,用户口令设定如下:编辑模式:【00000000】,管理模式:【99999999】
5	按【回车】键	检查所选择的安全模式的口令,如果口令不正确,安全模式将被成功变更

3.2 示教编程命令

3.2.1 移动命令登录及操作

1. 示教编程器的移动命令如下：

1）MOVJ 关节运动。

2）MOVL 直线运动。

3）MOVC 圆弧运动。

4）MOVS 曲线运动。

2. 命令的登录

登录移动命令时，一定要登录位置等级（PL = X）、工具号（TOOL#(X)），这些标识不能省略。登录移动命令的操作步骤见表 3-8。

表 3-8 登录移动命令的操作步骤

操作步骤	说 明
以【主菜单】→【程序】→【程序内容】→【回车】的步骤进行移动命令登录	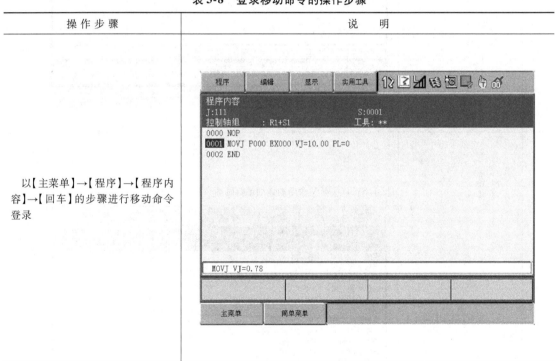

3. 前进/后退操作

确认登录在程序里的命令动作时，使用【前进】、【后退】键。

1）【前进】键：执行全部的登录命令（移动命令和除此之外其他命令完全没有区别）。

2）【后退】键：只执行移动命令和 WAIT 命令，不执行除此之外的命令。

3.2.2 间隙动作命令（SVSPOTMOV）

间隙动作命令的操作步骤见表 3-9。

表 3-9　　间隙动作命令的操作步骤

序号	操作步骤	说　　明
1	按照【主菜单】→【程序】→【程序内容】的顺序进行选择	
2	按【8】键	「SVSPOTMOV」为间隙动作命令 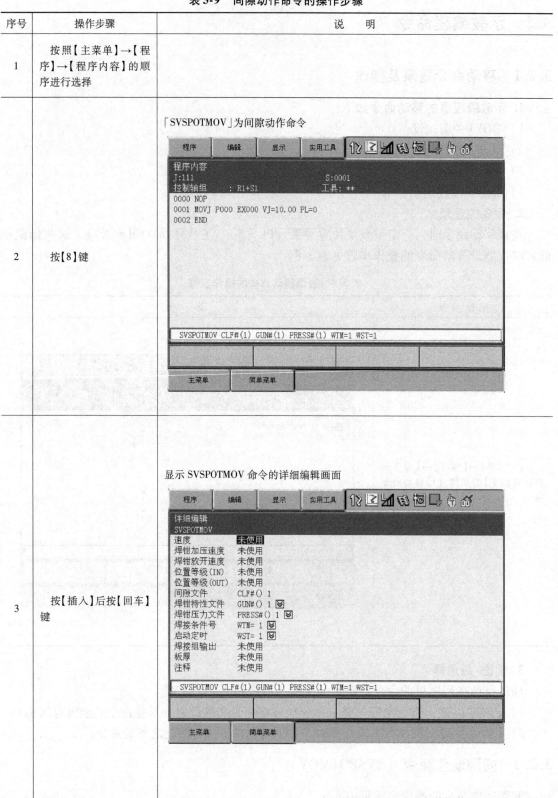
3	按【插入】后按【回车】键	显示 SVSPOTMOV 命令的详细编辑画面

（续）

序号	操作步骤	说　明
4	把数值输入到各项目中	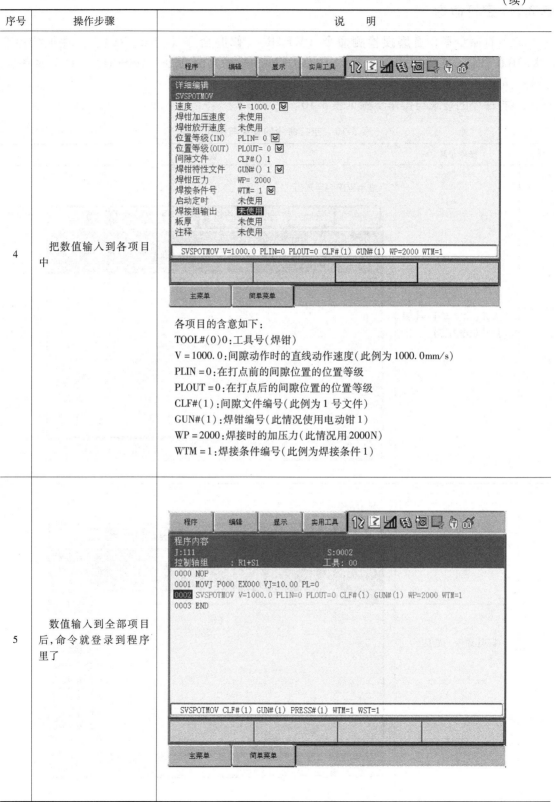 各项目的含意如下： TOOL#(0)0:工具号(焊钳) V=1000.0:间隙动作时的直线动作速度(此例为1000.0mm/s) PLIN=0:在打点前的间隙位置的位置等级 PLOUT=0:在打点后的间隙位置的位置等级 CLF#(1):间隙文件编号(此例为1号文件) GUN#(1):焊钳编号(此情况使用电动钳1) WP=2000:焊接时的加压力(此情况用2000N) WTM=1:焊接条件编号(此例为焊接条件1)
5	数值输入到全部项目后,命令就登录到程序里了	

各项目的含意如下：
TOOL#(0)0:工具号(焊钳)
V=1000.0:间隙动作时的直线动作速度(此例为1000.0mm/s)
PLIN=0:在打点前的间隙位置的位置等级
PLOUT=0:在打点后的间隙位置的位置等级
CLF#(1):间隙文件编号(此例为1号文件)
GUN#(1):焊钳编号(此情况使用电动钳1)
WP=2000:焊接时的加压力(此情况用2000N)
WTM=1:焊接条件编号(此例为焊接条件1)

3.2.3　空打命令

在空打命令里，有磨损检测命令（WEAR）、修磨命令（CHIPDRS）、工件把持命令（WKHLD-ON）、工件打开命令（WKHLD-OF）和修磨判断命令（DRSCHK）共5种命令。另外，可以设定修磨时间等修磨文件夹。

空打命令的登录与操作步骤见表3-10。

表3-10　空打命令的登录与操作步骤

序号	操作步骤	说　明
1	选择【主菜单】→【程序】→【程序内容】	显示程序内容画面
2	选择【命令一览】键	显示命令一览

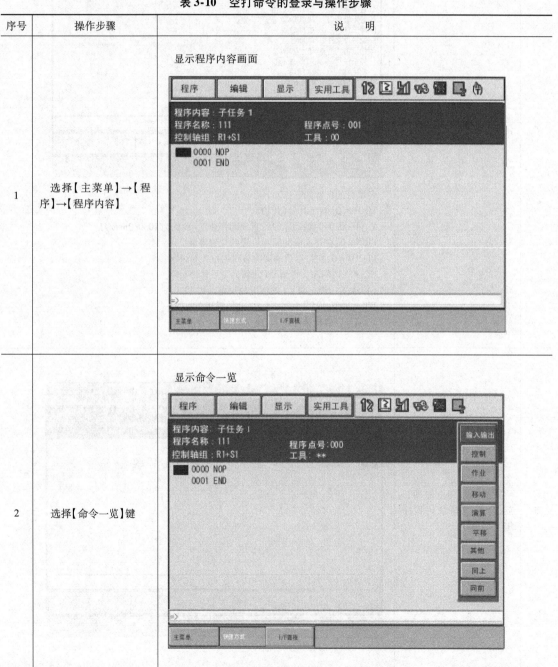

（续）

序号	操作步骤	说　明
3	【其他】→选择想登录的命令	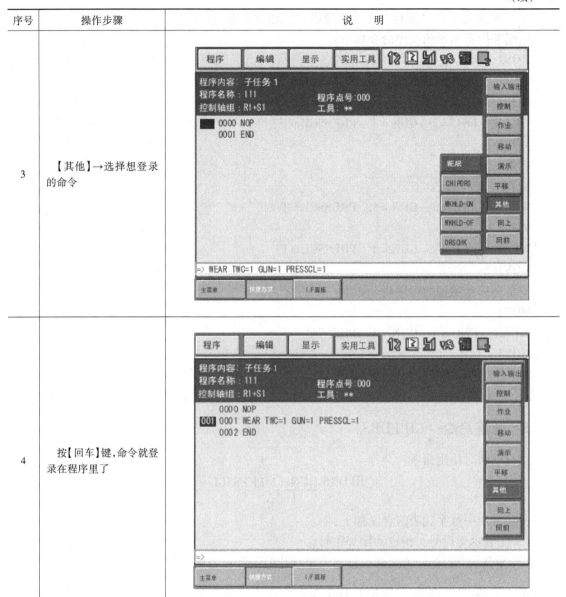
4	按【回车】键，命令就登录在程序里了	

3.2.4　磨损检测命令（WEAR）

实施磨损检测时使用下列命令：

$$\text{WEAR}\ \underset{①}{\underline{\text{TWC}=1}}\ \underset{②}{\underline{\text{GUN}=1}}\ \underset{③}{\underline{\text{PRESSCL}=1}}$$

上述命令中数字代表的含义如下：

1）①表示磨损检测方法：

a. 使用正规磨损量测量。在没有障碍物的地方，实施空打动作。

b. 使用正规磨损量测量。在空打动作时，让移动侧电极（即机器人侧电极）向接触固定物侧移动。

　　c. 使用简易磨损量测量。在没有障碍物的地方实施空打动作。

正规磨损量测量的程序命令如下：

MOVJ

WEAR　TWC = 1　GUN = 1　PRESSCL = 1

MOVJ

WEAR　TWC = 2　GUN = 1　PRESSCL = 1

MOVJ

或是

MOVJ

WEAR　TWC = 2　GUN = 1　PRESSCL = 1

MOVJ

WEAR　TWC = 1　GUN = 1　PRESSCL = 1

MOVJ

简易磨损量测量的程序命令如下：

MOVJ

WEAR　TWC = 3　GUN = 1　PRESSCL = 1

MOVJ

　　2）②表示焊钳号：指定动作焊钳号。

　　3）③表示空打加压力文件：指定设定动作时的加压力等文件。

3.2.5　修磨命令（CHIPDRS）

执行修磨时使用命令：

$$\text{CHIPDRS}\ \underset{①}{\underline{\text{GUN} = 1}}\ \underset{②}{\underline{\text{PRESSCL} = 1}}$$

上述命令中数字代表的含义如下：

　　1）①表示焊钳号：指定动作焊钳号。

　　2）②表示空打加压力文件：指定设定动作时的加压力等文件。

3.2.6　工件把持命令（WKHLD-ON）

用伺服焊钳把持工件时，执行此命令，根据电极的磨损量，补偿把持位置：

$$\text{WKHLD-ON}\ \underset{①}{\underline{\text{GUN} = 1}}\ \underset{②}{\underline{\text{PRESSCL} = 1}}$$

上述命令中数字代表的含义如下：

　　1）①表示焊钳号：指定动作焊钳号。

　　2）②表示空打加压力文件：指定设定动作时的加压力等文件。

3.2.7　工件放开命令（WKHLD-OF）

使用此命令来放开使用 HKHLD-ON 命令把持的工件：

$$\text{WKHLD-OF } \underset{①}{\underline{\text{GUN}=1}} \ \underset{②}{\underline{\text{PRESSCL}=1}}$$

上述命令中数字代表的含义如下：

1）①表示焊钳号：指定动作焊钳号。

2）②表示空打加压力文件：指定设定动作时的加压力等文件。

3.2.8　磨损量判断命令（DRSCHK）

在实行磨损量检测后，如果执行了此命令，此次的磨损量就和上次的磨损量进行比较，磨损量差值较小情况下发生报警，此命令用在判断修磨后的修磨量时使用：

$$\text{DRSCHK } \underset{①}{\underline{\text{GUN}=1}} \ \underset{②}{\underline{\text{PRESSCL}=1}}$$

上述命令中数字代表的含义如下：

1）①表示焊钳号。指定要进行比较磨损量的焊钳号。

2）②表示判定界限值 DRSCHK 命令实行时的报警判定界限值，设定为 R 变量。上次磨损检测和本次磨损检测的差值（即绝对值），如果比界限值小，就发生报警。可以根据各焊钳的移动侧（机器人侧）和固定侧（手臂侧）分别设定。磨损量判定值设定用的变量（单位：mm，可以输入到小数点之后）见表 3-11。

表 3-11　磨损量判定值设定用的变量

焊钳 1 移动侧	R000	焊钳 5 移动侧	R008
焊钳 1 固定侧	R001	焊钳 5 固定侧	R009
焊钳 2 移动侧	R002	焊钳 6 移动侧	R010
焊钳 2 固定侧	R003	焊钳 6 固定侧	R011
焊钳 3 移动侧	R004	焊钳 7 移动侧	R012
焊钳 3 固定侧	R005	焊钳 7 固定侧	R013
焊钳 4 移动侧	R006		
焊钳 4 固定侧	R007		

3.3　系统数据设定

3.3.1　修磨条件文件

修磨条件文件是指实行修磨时设定动作条件的文件，实行修磨时设定动作条件的操作步骤见表 3-12。

焊钳电极修磨时间如图 3-28 所示。

1）修磨运行（通电输出号码和时间）：设定修磨机回转输出号码和时间（A 段时间）。

2）正转（通用输出号码和时间）：设定修磨机正转输出号码和时间（B 段时间）。

3）反转（通用输出号码和时间）：设定修磨机反转输出号码和时间（C 段时间）。

4）间歇：设定修磨机回转的时间（D 段时间）。

表 3-12　实行修磨时设定动作条件的操作步骤

操 作 步 骤	说　　明
选择【主菜单】→【点焊】→【修磨条件】	显示修磨画面 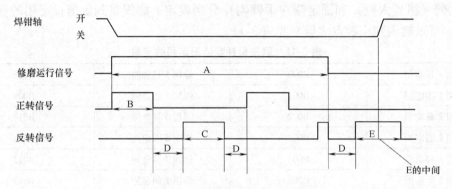

图 3-28　焊钳电极修磨时间图

5）打毛刺（正转/反转和时间）：设定去毛刺时的回转方向和时间（E 段时间）；

6）修磨正常（通电输入号码）：确认修磨机设备状态的信号、等待此信号变成 ON 时，把信号输出到修磨设备里。

7）简易磨损确认（有效/无效）：在修磨判定里，根据 DRSCHK 命令，可以把简易修测量作为判定对象，设定为（有效）或者（无效）。

3.3.2　焊钳更换

实行焊钳、抓手或焊钳、焊钳工具更换时，使用焊钳更换程序和焊钳更换命令。

1. 焊钳更换程序的设定

在焊钳更换程序里，把程序类型设定为【焊钳更换程序】。设定焊钳更换程序的操作步骤见表 3-13。

2. 焊钳更换命令（GUNCHG）

焊钳更换命令的操作步骤见表 3-14。

表 3-13　设定焊钳更换程序的操作步骤

序号	操 作 步 骤	说　　明
1	选择【主菜单】→【程序】→【新建程序】	显示程序内容画面
2	在【控制组】项目里，选择【R1 + S1】	
3	在【程序类型】项目里选择【焊钳更换程序】	

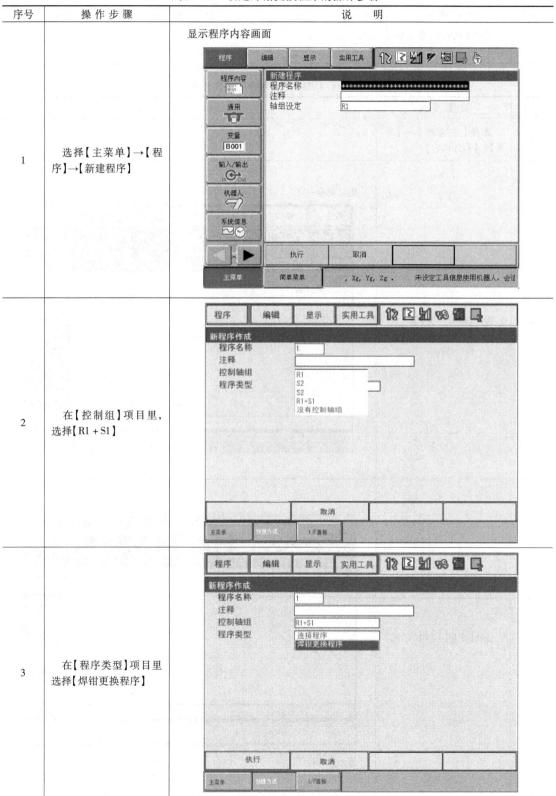

（续）

序号	操作步骤	说　明
4	选择【执行】，登录新程序	

表 3-14　焊钳更换命令的操作步骤

序号	操作步骤	说　明
1	选择【主菜单】→【程序】→【程序内容】	
2	选择【命令一览】键	显示命令一览 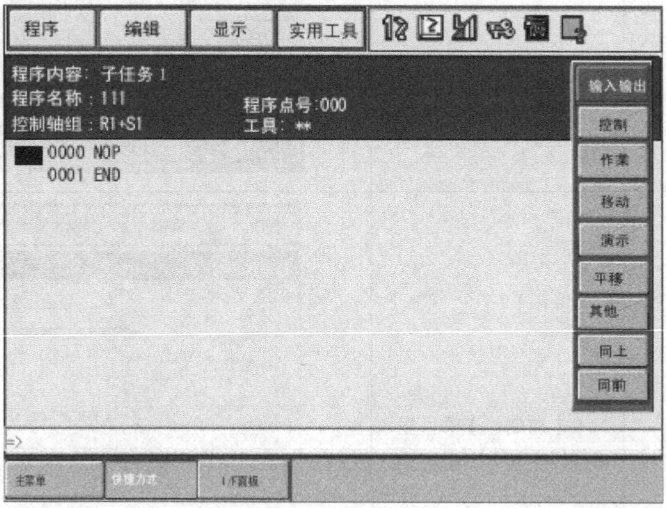
3	选择【作业】→【GUNCHG】	

（续）

序号	操作步骤	说　　明
4	按【回车】键	命令登录在程序内容画面里 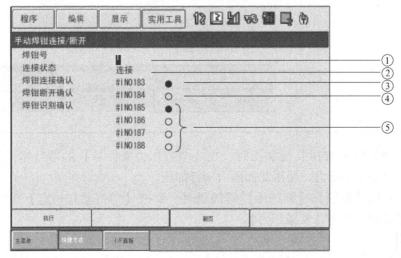

更换焊钳时使用的命令：

$$GUNCHG \underset{①}{\underline{GUN\#（1）}} \underset{②}{\underline{PICK 或 PLACE}}$$

上述命令中数字代表的含义如下：

1）①表示焊钳号：指定连接或者断开时的焊钳号。

2）②表示空打加压力文件：选择连续（PICK）或断开（PLACE）。连接（PICK）：只有焊钳轴的伺服电源变成 ON 状态；断开（PlACE）：只有焊钳轴的伺服电源编程 OFF 状态，机器人的伺服电源不变成 OFF。

3. 手动焊钳更换

不使用焊钳更换命令，可以实施焊钳的连接、断开，如图 3-29 所示。

图 3-29　手动焊钳更换操作界面

图 3-29 中数字代表的含义如下：

1）①表示焊钳号：设定连接、断开焊钳的焊钳号。

2）②表示连接状态：显示现在的连接状态，连接为伺服 ON，断开为伺服 OFF。

3）③表示焊钳连接信号：显示 ACT 连接的信号状态。

4）④表示焊钳断开信号：显示 ATC 断开信号状态。

5）⑤表示焊钳识别信号：显示 ATC 的工具识别信号状态。

【执行】：用【执行】键来实现焊钳的连接、断开，将【连接】状态变为【离开】，或将【离开】状态变为【连接】。

3.3.3 焊钳轴动作

1. 加压动作

同时按住【联锁】键和【8/加压】键，焊钳就开始闭合；在接触工件时，焊钳开始加压；接触工件前，不按键时，焊钳停止动作，再次同时按住时，焊钳再次打开。

加压文件可在【手动点焊】画面里设定，按住【0/手动条件】键时，显示【手动点焊】画面。焊钳加压动作的操作步骤见表 3-15。

表 3-15　焊钳加压动作的操作步骤

序号	操作步骤	说　明
1	按住【0/手动条件】	显示【手动焊接】画面 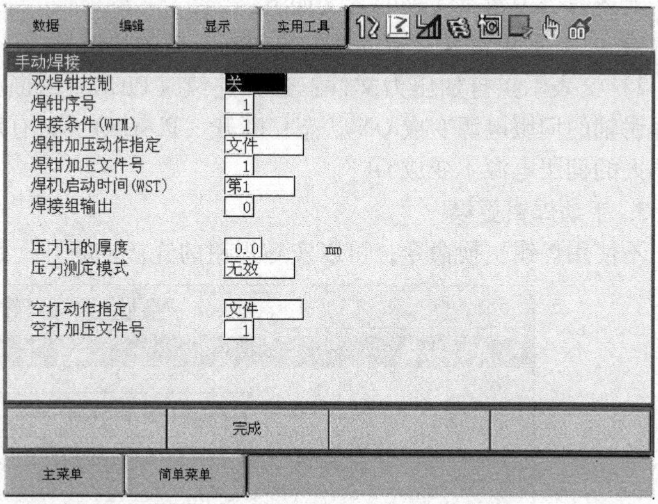 数据　编辑　显示　实用工具 手动焊接 双焊钳控制　　　　　　关 焊钳序号　　　　　　　1 焊接条件(WTM)　　　　1 焊钳加压动作指定　　　文件 焊钳加压文件号　　　　1 焊机启动时间(WST)　　第1 焊接组输出　　　　　　0 压力计的厚度　　　　　0.0　　mm 压力测定模式　　　　　无效 空打动作指定　　　　　文件 空打加压文件号　　　　1 完成 主菜单　　简单菜单

使用【联锁】+【8/加压】键加压时，在【空打压力文件号】的项目里，选择文件号。在选定的文件里设定加压力，使用此加压力实行加压。

重要提示：用【联锁】+【8/加压】键加压时，要把【空打动作指定】设定在【文件】使用，不要把设定变更为【常减压力】。

2. 打开动作

焊钳变成加压状态后，同时按住【联锁】键和【9/加压】键时，焊钳打开。持续按住此键，焊钳置于小开位置时停止。到达小开位之前，不按键时，焊钳停止动作，再次同时按住时，焊钳再次打开。

3.3.4　焊接结束解除

如果在机器人控制柜没有连接焊机的状态下启动机器人，由于不能接收到来自焊机的【焊接结束】的信号，所以不能对焊接动作进行确认。在这种情况下，可以把模拟焊接结束信号传给机器人控制柜，即可实现机器人的动作确认。焊接结束信号的操作步骤见表3-16。

表 3-16　焊接结束信号操作步骤

序　号	操 作 步 骤
1	前进或试运行时,执行焊接命令
2	显示【等待焊接结束】状态时,同时按住【联锁】和【4/焊接结束】键,模拟焊接结束信号就输入了
3	再次执行前进或试运行时,结束焊接命令,执行下一个命令

3.3.5　NC定位装置

进行示教位置数据修正时，不是移动机器人而是根据输入在示教盒上的输入数值进行修正的。利用CAD数据等进行简易的离线编程示教和在任意坐标下的位置数据的微调等，不用移动机器人就是可以实现的。

1. 位置修正画面的显示

进入【位置修正】画面的显示操作步骤，见表3-17。

表 3-17　【位置修正】画面的显示操作步骤

序号	操作步骤	说　明
1	在程序内容显示画面里,按住【实用工具】,选择【位置修正】	在选择画面里选择【位置修正】,显示位置修正画面 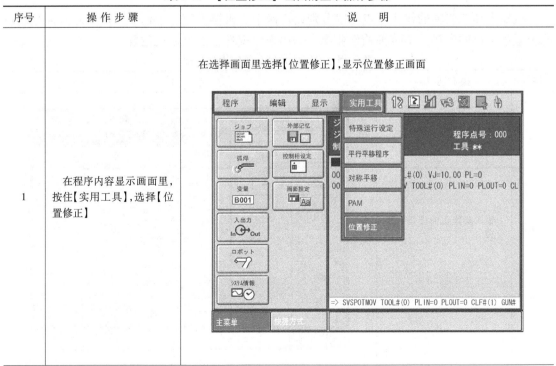

(续)

序号	操作步骤	说　明
2	按住示教盒的【翻页】键,切换控制轴组	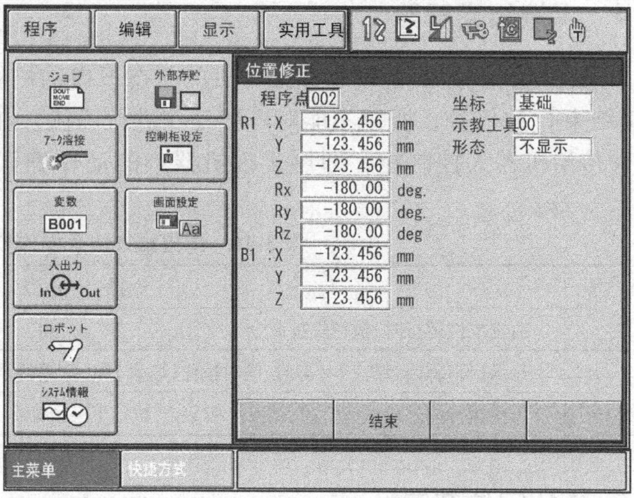

2. 位置的修正

在【位置修正】画面设定位置修正值,其操作步骤见表3-18。

重要提示:在位置修正画面里,根据数值输入进行位置修正时,一定要进行前进/后退的操作,确认示教位置。

3.3.6　作业原点信号输出的设定

机器人和工装轴的作业原点可以分别设定两个。机器人用一个作业原点同时监视控制点的位置和工具的姿势。工装轴的作业原点是用来监视各轴的电动机位置。

表3-18　设定位置修正值的操作步骤

序号	操作步骤	说　明
1	输入要修正的位置程序点号	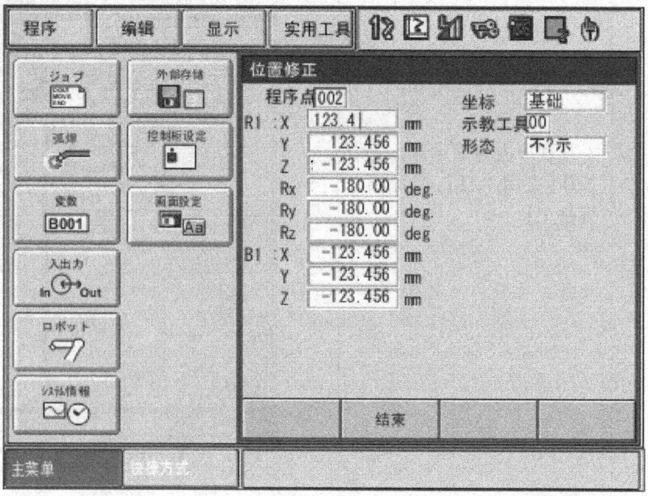

（续）

序号	操作步骤	说　　明
2	设定位置修正值	把光标放在数值输入框里,输入位置数值后,按【回车】键 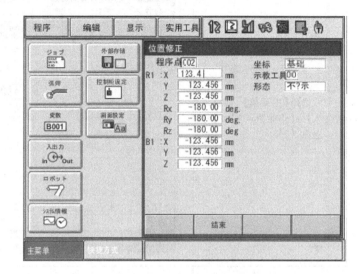 再次按住【回车】键,输入位置数值显示在程序里 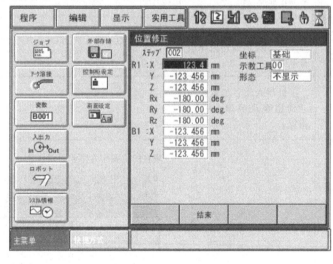
3	选择【结束】或【取消】	选择画面上的【结束】或者示教盒上的【取消】,则回到程序内容画面

　　重要提示:伺服焊钳的电动机位置,即使登录了作业原点,也不能对位置进行监视。
作业原点的登录操作步骤见表 3-19。

　　重要提示:机器人的控制点由选择的工具来决定。作业原点登录时,应选择正确的
工具。

　　参考提示:作业原点的设定内容也可以从【干涉区域】的画面进行确认。在管理模式
下显示【主菜单】→【机器人】→【干涉区域】设定作业原点的【干涉区域】编号,见表 3-20
和表 3-21。

表 3-19　作业原点的登录操作步骤

序号	操作步骤	说　明
1	选择【主菜单】→【机器人】→【作业原点 1】或【作业原点 2】	显示作业原点画面 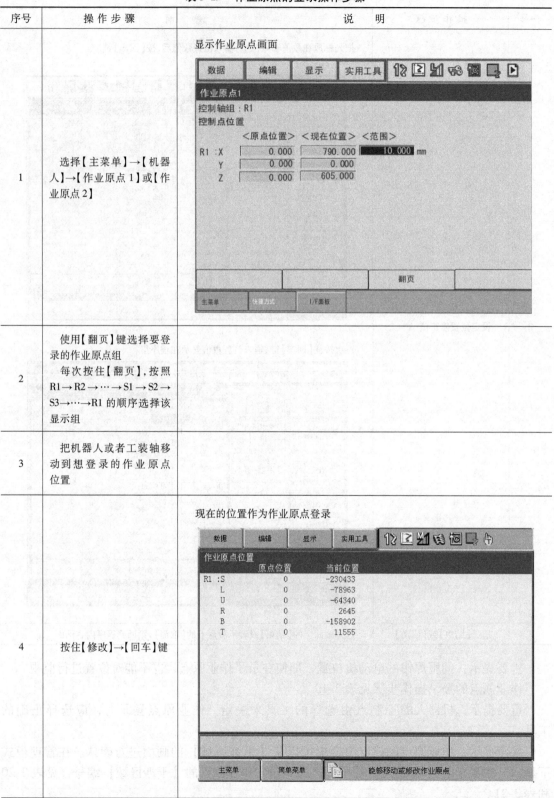
2	使用【翻页】键选择要登录的作业原点组 　每次按住【翻页】，按照 R1→R2→…→S1→S2→S3→…→R1 的顺序选择该显示组	
3	把机器人或者工装轴移动到想登录的作业原点位置	
4	按住【修改】→【回车】键	现在的位置作为作业原点登录

表 3-20　工具的姿势及控制点的位置（原点）设定

轴组	作业原点 1		作业原点 2	
	控制点	姿态	控制点	姿态
R1	干涉区 No. 32	28	30	26
R2	31	27	29	25

表 3-21　工装轴的作业原点和各轴的电动机位置

轴组	作业原点 1	作业原点 2	轴组	作业原点 1	作业原点 2
S1	24	23	S7	12	11
S2	22	21	S8	10	9
S3	20	19	S9	8	7
S4	18	17	S10	6	5
S5	16	15	S11	4	3
S6	14	13	S12	2	1

3.3.7　磨损检测基准位置/限定值设定

1. 磨损检测基准位置登录

为检测焊钳电极磨损量的基准位置（磨损量检测基准位置），可以在焊接诊断画面里选择登录有效或者无效。磨损检测基准位置登录的操作步骤见表 3-22。

表 3-22　磨损检测基准位置登录的操作步骤

序号	操 作 步 骤	说　　明
1	选择【主菜单】→【系统信息】→【安全】设置为管理模式	显示作业原点画面
2	选择【主菜单】→【点焊】→【焊接诊断】	

（续）

序号	操作步骤	说　明
3	把光标移动到【基准位置登录】里，按住【选择】键，把【无效】切换为【有效】	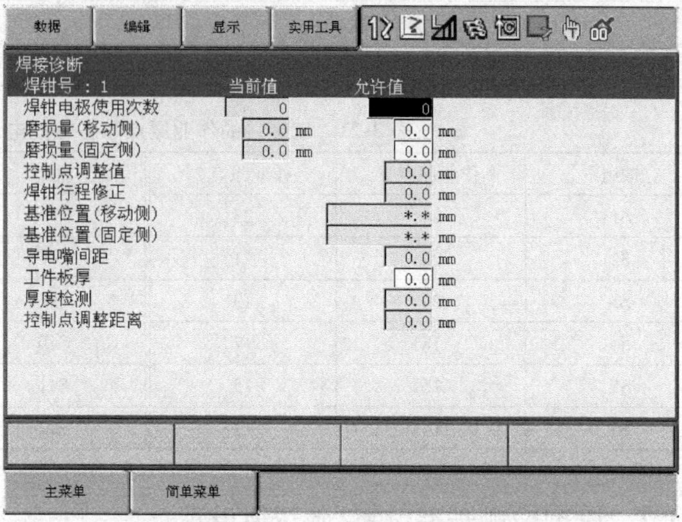 再次按住【选择】键，把【有效】切换为【无效】

注意：

1）【有效】：执行磨损检测程序，现在的电极磨损状态作为基准（磨损量 0 状态）登录进去。

2）【无效】：执行磨损检测程序，与基准值之间的差值作为磨损量来计算。

2. 磨损量限定值设定

为了检测电极磨损量异常，可以设定限定值。磨损量限定值设定的操作步骤见表 3-23。

表 3-23　磨损量限定值设定的操作步骤

序号	操作步骤	说　明
1	选择【主菜单】→【点焊】→【焊接诊断】	显示焊接诊断画面 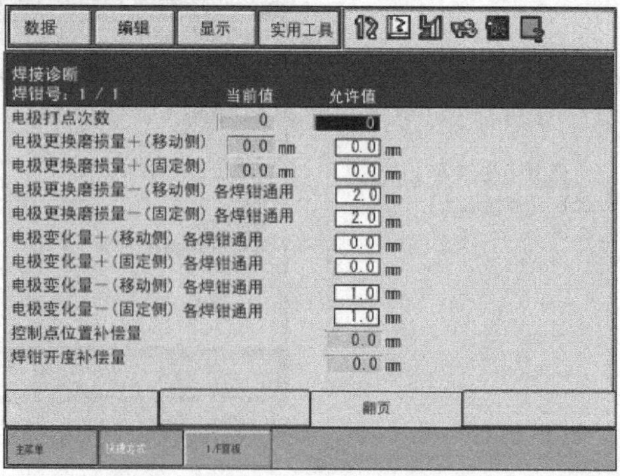

（续）

序号	操 作 步 骤	说 明
2	把光标移动到各项目的【允许值】处,按住【选择】键输入数值	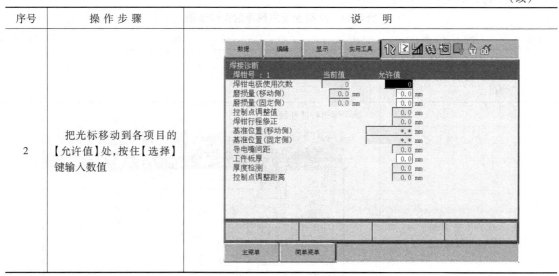

电极磨损量检测及限定值设定项目说明，见表 3-24 和表 3-25。

表 3-24 电极磨损量检测及限定值设定项目说明

电极更换磨损量 +（移动侧/固定侧）	正规磨损量测定的结果（WEAR TWC = 1 和 TWC = 2），如果电极磨损量超过这个数值时,显示【电极磨损量异常】
电极更换磨损量 –（移动侧/固定侧）	正规磨损量测量的结果,如果电极磨损量的负极侧（电极延伸方向）超过这个数值时,显示【电极磨损异常】

例如:（电极更换磨损量 +) =10mm,（电极更换磨损量 –) =2mm 时,则
 –2mm≥（磨损量）:信息显示【电极磨损变化量异常】
 –2mm <（磨损量）<10mm:没有信息显示
（磨损量）≥10mm:信息显示【电极磨损量异常】

表 3-25 电极变化量检测及限定值设定项目说明

电极变化量 +（移动侧/固定侧）	简易磨损量测量（WEAR TWC = 3）结果,上次检测值和此次检测值差值的正值,如果超过此数值,则显示报警【电极磨损变化量异常】
电极变化量 –（移动侧/固定侧）	简易磨损测量结果,上次检测值和此次检测值差值的负值,如果比此值小,则显示报警【电极磨损变化量异常】

例如:（电极变化量 +) =3mm,（电极变化量 –) =2mm 时,则
（磨损变化量）=（此次磨损量）–（上次磨损量）
 –2mm≥（磨损变化量）:发生报警【电极磨损变化量异常】
 –2mm <（磨损变化量）<3mm :没有信息显示
（磨损变化量）≥3mm :发生报警【电极磨损变化量异常】

3.3.8 焊钳特性文件

1. 解除加压力

焊钳加压力是限制在【焊钳特性】文件里的【最大加压力】以下的。进行焊钳加压力调整时，如果需要在最大加压力以上加压力时，可根据解除加压力设定暂时解除限制。焊钳

加压力解除的操作步骤见表3-26。

表3-26 焊钳加压力解除的操作步骤

序号	操 作 步 骤	说 明
1	选择【主菜单】→【系统信息】→【安全】设定为管理模式	
2	选择【主菜单】→【点焊】→【焊钳特性】	显示焊钳特性画面 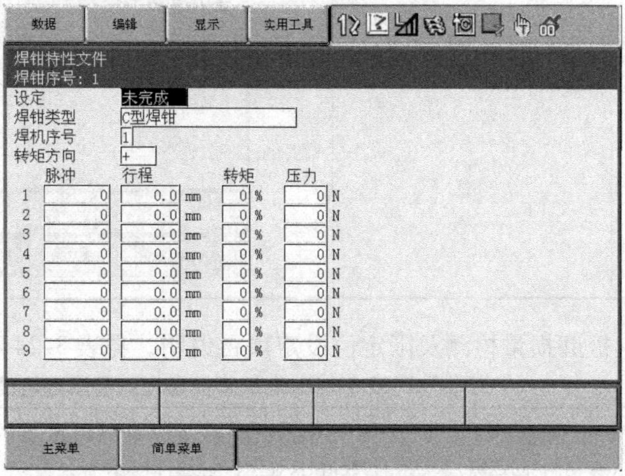
3	把光标移动到【解除加压力】，按住【选择】键输入数值	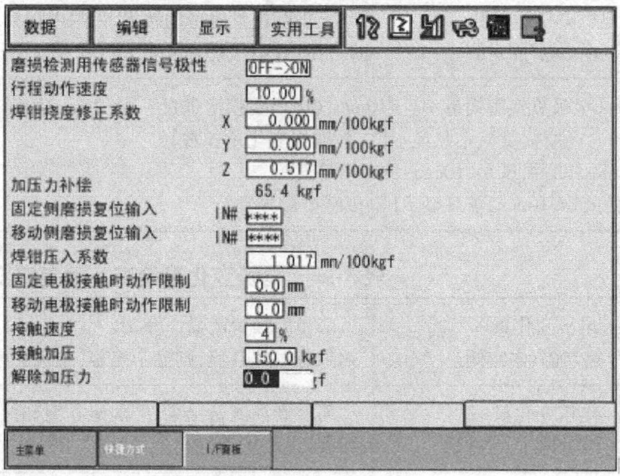
4	把光标移动到【设定】里，按住【选择】键，设定由【未完成】变成【完成】	

输入解除加压力时的限制加压力，按如下公式计算设定，即

$$（限制加压力）=（最大加压力）/（解除加压力）/（转矩限制加算值）$$

式中，最大加压力为焊钳特性文件夹内的设定值（单位：N）；解除加压力为焊钳特性文件内的设定值（单位：N）；转矩限制加算值为设定在参数 H1P054 里的转矩值（单位:%）；"0"以外的数值输入到解除加压力时，信息显示【加压力极限解除中】；把"0"设定为解除加压力时，加压力按照原来限制为【最大加压力】。

2. 设定接触速度

在焊接命令（SVSPOT）和空打命令（WEAR、CHIPDRS、WKHLD-ON）里，可以设定加压前的焊钳轴动作的速度。加压前焊钳轴动作的速度设定操作步骤见表3-27。

表 3-27　加压前焊钳轴动作的速度设定操作步骤

序号	操作步骤	说　明
1	选择【主菜单】→【系统信息】→【安全】设定为管理模式	
2	选择【主菜单】→【点焊】→【焊钳特性】	显示焊钳特性画面
3	把光标移动到【接触速度】，按住【选择】键输入数值	
4	把光标移动到【设定】里，按住【选择】键，设定由【未完成】变成【完成】	

重要提示：SVSPOTMOV 命令的焊钳轴动作速度是根据附加的速度标识（V = 100mm/s）指定的。

3.3.9　主程序设定

在安川机器人系统里，把名字为 MASTER 的程序作为【主程序】登录。进行程序初始化后，因为登录状态被解除，所以要把主程序按如下顺序再次设定。

另外，由于程序初始化，【循环周期】也解除了设定状态，所以也要按如下顺序进行设定。

1. 主程序的登录

主程序的登录及设定操作步骤见表 3-28。

表 3-28　主程序的登录及设定操作步骤

序号	操作步骤	说　明
1	选择【主菜单】→【系统信息】→【安全】设定为管理模式	
2	选择【主菜单】→【功能有效设定】	显示操作条件画面 数据　编辑　显示　实用工具 功能有效设定 主程序变更　　　　　　　　　　禁止 预约启动　　　　　　　　　　　禁止 预约启动程序变更　　　　　　　允许 再现时的程序选择　　　　　　　允许 远程和再现时的程序选择　　　　允许 用户信号变量自定义画面　　　　无效 在程序中显示通用输入输出信号名称　有效 预期功能指定　　　　　　　　　无效 全轴角度显示功能　　　　　　　无效 主菜单　简单菜单
3	把光标移动到【主程序变更】，按住【选择】键，把【禁止】变为【允许】	数据　编辑　显示　实用工具 功能有效设定 主程序变更　　　　　　　　　　允许 预约启动　　　　　　　　　　　禁止 预约启动程序变更　　　　　　　允许 再现时的程序选择　　　　　　　允许 远程和再现时的程序选择　　　　允许 用户信号变量自定义画面　　　　无效 在程序中显示通用输入输出信号名称　有效 预期功能指定　　　　　　　　　无效 全轴角度显示功能　　　　　　　无效 主菜单　简单菜单

（续）

序号	操作步骤	说　明
4	选择【主菜单】→【程序】→【任务管理】	显示任务管理画面 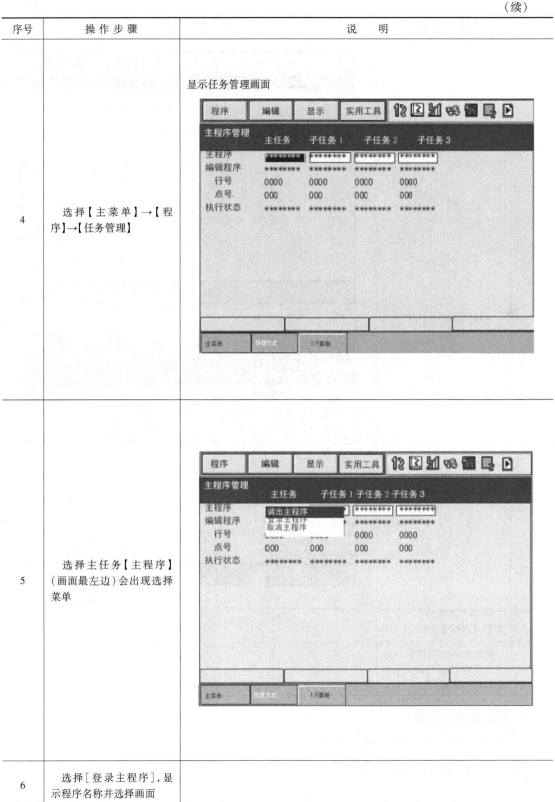
5	选择主任务【主程序】（画面最左边）会出现选择菜单	
6	选择［登录主程序］，显示程序名称并选择画面	

（续）

序号	操作步骤	说　明
7	选择【MASTER】	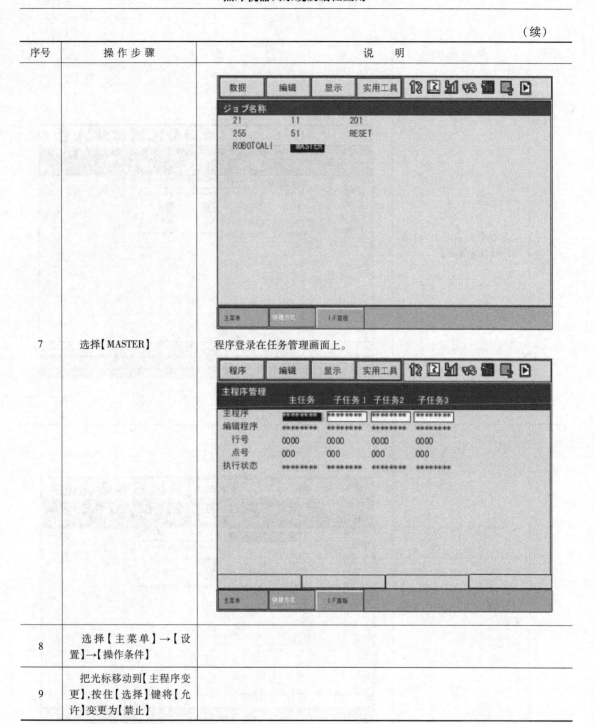 程序登录在任务管理画面上。
8	选择【主菜单】→【设置】→【操作条件】	
9	把光标移动到【主程序变更】,按住【选择】键将【允许】变更为【禁止】	

2. 循环周期的登录

循环周期的登录操作步骤见表 3-29。

3.3.10　位置等级（PL）的设定

对于附加在移动命令（MOV＊）上的位置等级，各等级的位置范围可以变更。位置等

级 （PL）的设定操作步骤见表3-30。

表 3-29　循环周期的登录操作步骤

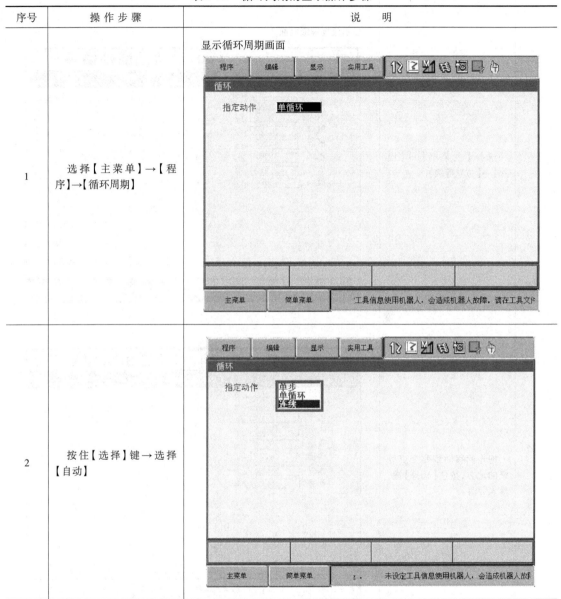

序号	操作步骤	说　明
1	选择【主菜单】→【程序】→【循环周期】	显示循环周期画面
2	按住【选择】键→选择【自动】	

3.3.11　速度调节功能的设定

试验性地变更机器人动作速度时，可以使用速度调节功能。速度调节功能的设定操作步骤见表3-31。

3.3.12　输入信号解除

输入信号解除操作步骤是：再现时，用 WAIT（等待命令）命令进入信号等待状态，可以通过输入信号解除操作，跳过信号等待状态，见表3-32。

表 3-30　位置等级（PL）的设定操作步骤

序号	操作步骤	说　明
1	选择【主菜单】→【设置】→【位置等级】	显示位置等级画面 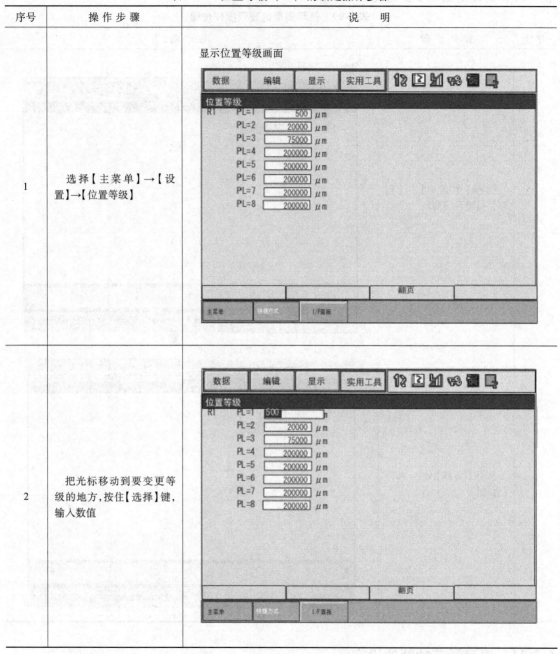
2	把光标移动到要变更等级的地方,按住【选择】键,输入数值	

表 3-31　速度调节功能的设定操作步骤

序号	操作步骤	说　明
1	显示【主菜单】→【程序】→【程序内容】	显示位置等级画面
2	把示教盒的模式改为远程模式	

（续）

序号	操　作　步　骤	说　　　明
3	变更速度调节比例	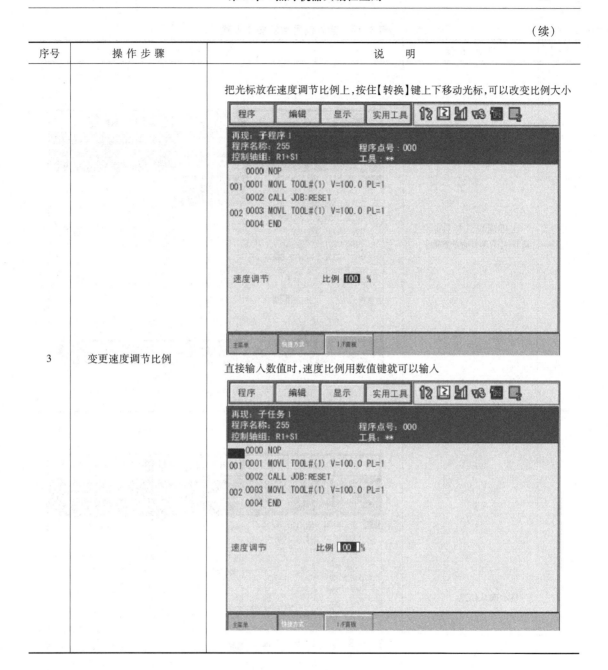

3.3.13　碰撞检出偏移量

碰撞检出是指工具、机器人与周边设备发生碰撞时，为了减少碰撞带来的危害，设定了碰撞检出报警。但是在寒冷天气的早上冷启动时，由于安装在机器人上的铠装电缆被冻硬，受此影响有时也会发生误检出。为了防止此类情况发生，请使用如下所示的碰撞检出偏移量功能。

1. 操作步骤

碰撞检出偏移量的操作步骤见表 3-33。

表 3-32　输入信号解除操作步骤

序号	操作步骤	说　明
1	在再现里选择【实用工具】→【WAIT 命令解除】	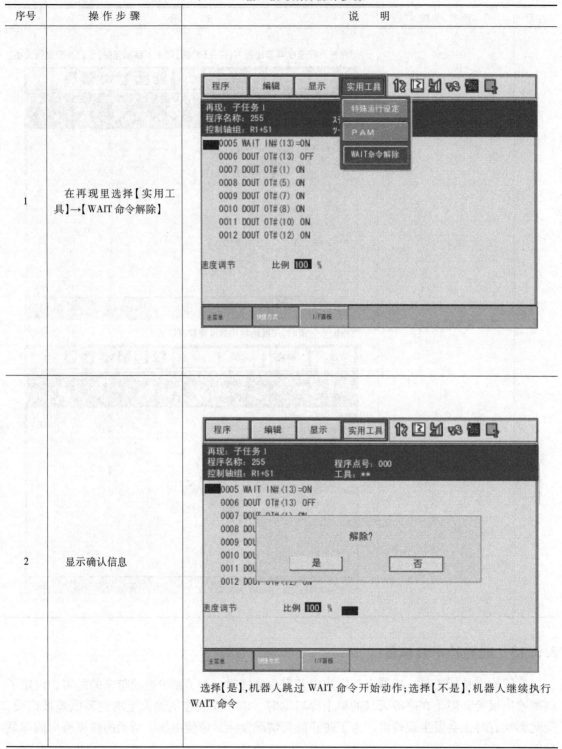
2	显示确认信息	选择【是】,机器人跳过 WAIT 命令开始动作;选择【不是】,机器人继续执行 WAIT 命令

2. 参数说明

碰撞检出偏移量菜单栏参数的说明如图 3-30 所示。

表 3-33　碰撞检出偏移量的操作步骤

序号	操作步骤	说　明
1	选择【主菜单】→【机器人】→【碰撞检出偏移量】	显示碰撞检出偏移量画面 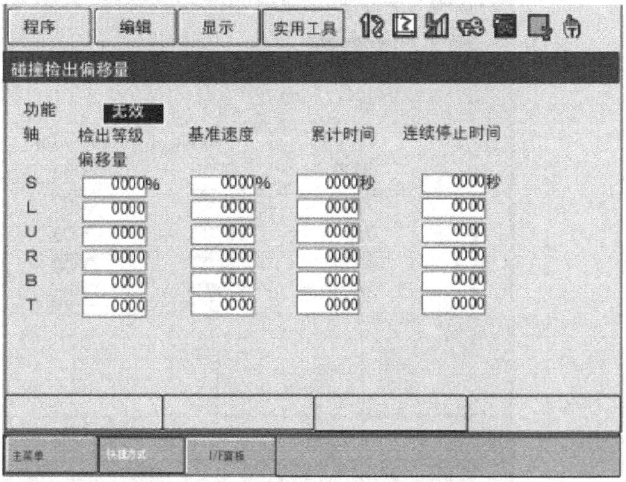
2	把光标移动要想变更项目的地方,按住【选择】键,输入数值	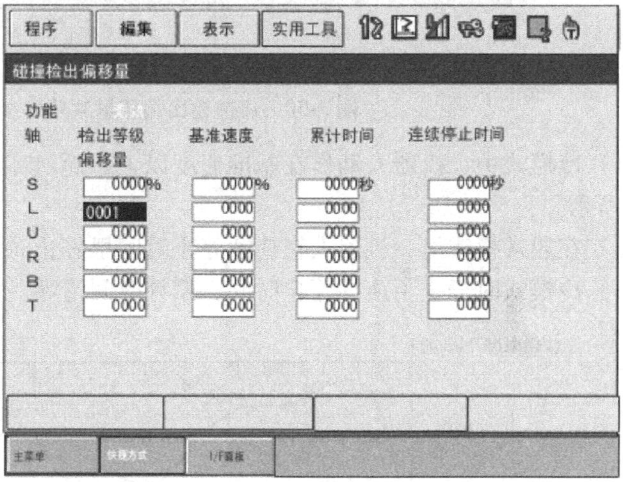

图 3-30 中数字标注的注解如下:

1)①表示功能有效/无效:(选择)键可以选择(碰撞检出偏移量)功能的有效/无效。

2)②表示检出等级偏移量:输入在冷模式时的检出等级偏移量。

3)③表示基准速度:指定从冷模式切换到通常模式时的切换条件(速度)。

4)④表示累计时间:指定从冷模式切换到通常模式的切换条件(累计时间)。

5)⑤表示连续停止时间:指定从通常模式切换到冷模式时的切换条件(停止时间)。

3. 功能说明

对于碰撞检出的撞击感度,根据动作条件切换以下两个模式。一个是在等级设定值里加上检出等级偏移量值进行碰撞检出的【冷模式】,另外一个是用通常的等级设定值进行碰撞检出的【通常模式】。根据以下的条件进行模式的转换,控制电源通电时,变成加上检出等级偏移量值的冷模式。

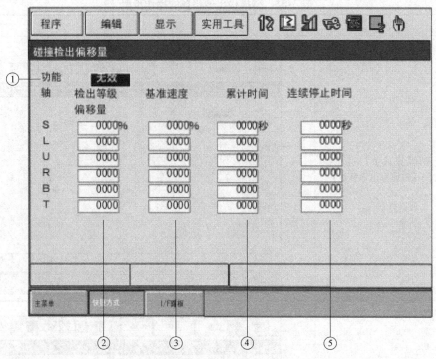

图 3-30　碰撞检出偏移量菜单栏参数的说明

1) 冷模式中，机器人动作在基准速度以上、超过累计时间时，切换到通常模式，如图 3-31 所示。

2) 在通常模式里，机器人在连续停止时间里停止时，切换到冷漠式，如图 3-32 所示。

3) 冷模式时停止了连续停止时间，累计时间清零。

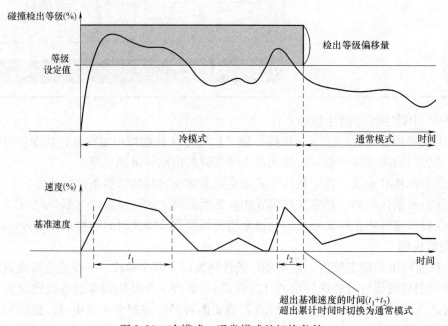

图 3-31　冷模式→通常模式的切换条件

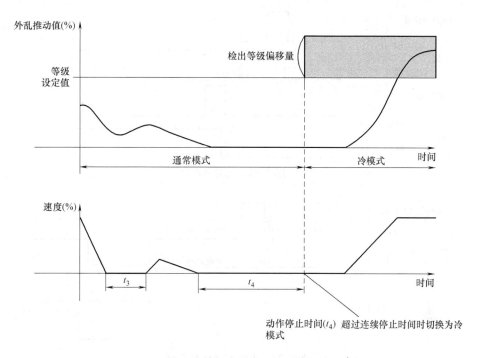

图 3-32 通常模式→冷模式的切换条件

3.3.14 省电时间的设定

在自动运行中，待机状态超过设定时间以上时，机器人的伺服电源自动变成 OFF 状态。

1. 省电时间的设定

在计数器 M270 里设定省电时间，单位是 s，最大设定时间是 600s（10min），输入 601s 时，就自动设定为 600s。设定时间为 0 时，省电功能变成无效，即使待机状态一直持续伺服也不会变成 OFF。

2. 省电种类

等待主程序的启动信号。伺服 ON 后，由控制柜发出信号，等到启动信号输入为止的时间超过省电设定时间时，自动变为伺服 OFF。在等待启动信号的过程中，变成了省电模式时，只要从控制柜启动信号发出来后就自动变成伺服 ON，主程序启动。在省电模式下，等待启动信号过程中，即使切换到示教模式，但如果不变成伺服 ON，省电模式还是持续的。回到远程模式下，启动信号输入后自动的变成伺服 ON，主程序启动。在省电模式下，等待信号过程中，切换到示教模式伺服变成 ON，但在省电模式解除时，启动信号输入，则不自动变成伺服 ON，而在示教盒上显示（伺服 OFF 中的启动输入（主））。

上述情况是通常情况，所以要按照从控制柜里的伺服 ON 信号→启动信号的顺序输入信号，如下所述。

1）通常情况（见图 3-33）。

2）省电在持续状态时（见图 3-34）。

3）省电后的模式 1 切换（见图 3-35）。

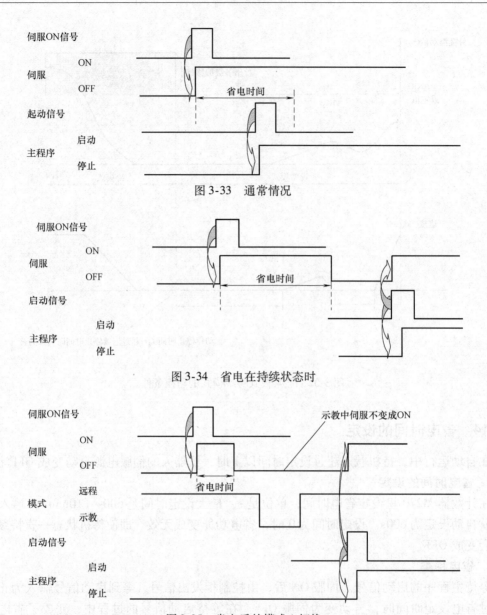

图 3-33　通常情况

图 3-34　省电在持续状态时

图 3-35　省电后的模式 1 切换

4）省电后的模式 2 切换（见图 3-36）。

5）自动运行中的待机状态。在自动运行中（示教盒的启动灯亮），机器人在持续停止动作的状态下，如果子任务的启动信号等待和 WAIT 命令超过了设定的省电时间，就变成伺服 OFF。伺服电源是 OFF，但启动灯一直亮。

解除了待机状态，程序到达了移动命令的时候，自动变成伺服 ON 再次开始运行。

6）自动运行中的省电。

程序举例：

MOV①

WAIT　IN#（1）= ON

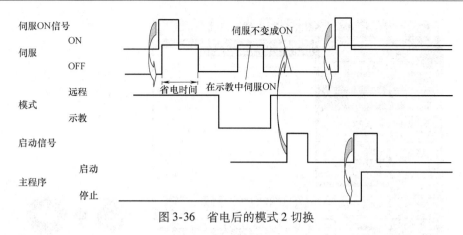

图 3-36　省电后的模式 2 切换

MOV②

自动运行中的省电的时序图如图 3-37 所示。

图 3-37　自动运行中的省电的时序图

重要提示：在省电功能里，使用【Y-SVON】名称的特殊程序，不要进行编辑或删除。

3.4　点焊程序举例

3.4.1　示教的基本步骤

1. 示教前的准备

1）把动作模式设定为示教模式；

2）输入程序名。

① 确认示教编程器上的模式旋钮对准 "TEACH"，设定为示教模式。

② 按下【伺服准备】键，伺服电源接通的灯光开始闪烁；如果不按下【伺服准备】键，即使按住安全开关，伺服电源也不会接通。

③ 在主菜单选择 ｛程序｝，然后在菜单里选择 ｛新建程序｝，如图 3-38 所示。

④ 显示新建程序画面后，按【选择】键选择程序，如图 3-39 所示。

⑤ 显示字符输入画面（见图 3-40）后，输入程序名。

⑥ 现以 "TEST" 为程序名举例说明如下：把光标移到字母 "T" 上，按【选择】键，选中 "T"，用同样的方法再选择 "E"、"S"、"T"。也可以用手指直接在显示屏上单击 "T"、"E"、"S"、"T"，输入程序名，如图 3-41 所示。

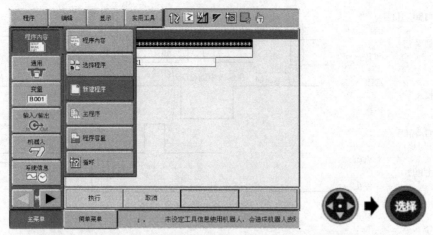

图 3-38　在菜单里选择 ｛新建程序｝ 图示

图 3-39　在新建程序画面里建立程序

图 3-40　显示字符输入画面

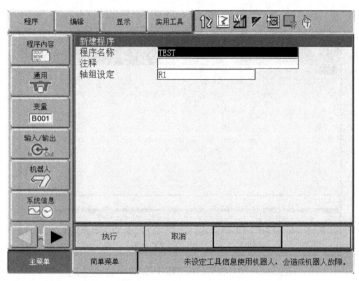

图 3-41　输入程序名

⑦ 按【回车】键进行登录，如图 3-42 所示。

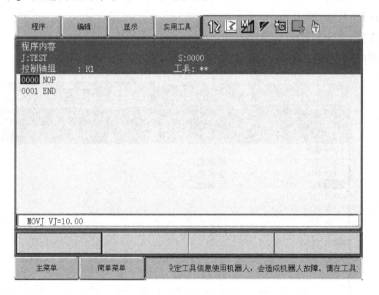

图 3-42　登录进入该程序

⑧ 光标移动到"执行"上，按【选择】键，程序"TEST"被登录，画面上显示该程序，"NOP"和"END"命令自动生成，如图 3-43 所示。

参考提示：程序名称中可使用文字。

程序名称中可使用数字、英文大写、小写字母和符号。操作中，通过按【翻页】键进入不同的输入画面。程序名称最多可输入 8 个字符。

2. 示教编程

为了使机器人能够进行再现，就必须把机器人运动命令编成程序。控制机器人运动的命令就是移动命令。在移动命令中，记录有移动到的位置、插补方式、再现速度等。

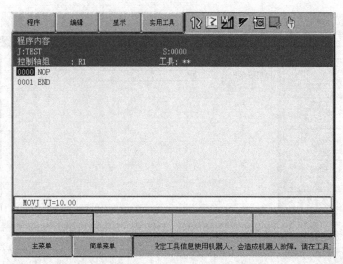

图 3-43 "NOP" 和 "END" 命令自动生成

因为 NX100 所使用的 INFORM Ⅲ 语言主要的移动命令都以 "MOV" 开头，所以也把移动命令叫做 "MOV 命令"。

例如：MOVJ　VJ = 50. 00

　　　MOVL　V = 1122　　PL = 1

示教的程序内容如图 3-44 所示。

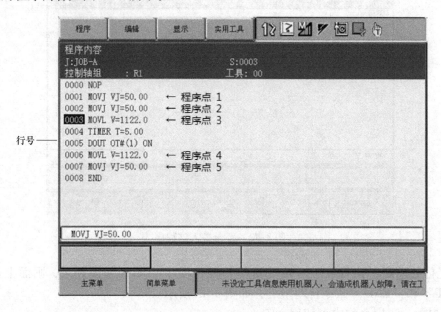

图 3-44 示教的程序内容

说明：当再现图 3-45 所示的程序内容时，机器人按照程序点 1 的移动命令中输入的插补方式和再现速度移动到程序点 1 的位置。然后，在程序点 1 和 2 之间，按照程序点 2 的移动命令中输入的插补方式和再现速度移动。同样，在程序点 2 和 3 之间，按照程序点 3 的移动命令中输入的插补方式和再现速度移动。当机器人到达程序点 3 的位置后，依次执行

TIMER 命令和 DOUT 命令，然后移向程序点 4 的位置。

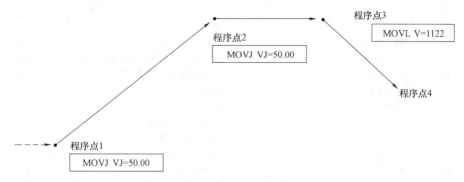

图 3-45 插补方式和再现速度移动示意图

3. 再现

（1）再现前的准备

提示：为了从程序头开始运行，请务必先进行以下操作。

1）把光标移到程序开头。

2）用轴操作键将机器人移到程序点 1，再现时，机器人从程序点 1 开始移动。

（2）再现步骤

提示：进行操作前，先确认机器人附近没有人再开始操作。

1）把示教编程器上的模式旋钮设定在 "PLAY" 上，成为再现模式。

2）按【伺服准备】键，接通伺服电源；

3）按【启动】键，机器人将示教过的程序运行一个循环后停止；

以 C 型焊钳焊接工件为例，编写程序的步骤，如图 3-46 所示。

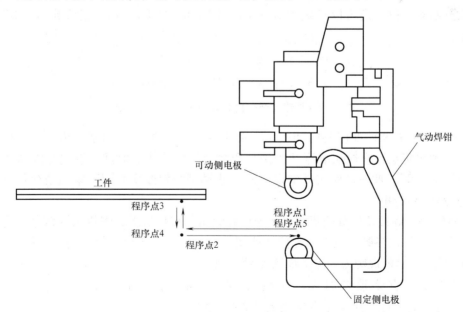

图 3-46 焊钳的移动及焊接位置示意图

编写程序的步骤见表 3-34。

表 3-34　编写程序的步骤

行	命令		内 容 说 明	
0000	NOP		开始	
0001	MOVJ	VJ = 25.00	移到待机位置	（程序点 1）
0002	MOVJ	VJ = 25.00	移到焊接开始位置附近（接近点）	（程序点 2）
0003	MOVJ	VJ = 25.00	移到焊接开始位置（焊接点）	（程序点 3）
0004	SPOT	GUN#(1)	焊接开始	
		MODE = 0	指定焊钳 No. 1	
		WTM = 1	指定单行程点焊钳	
			指定焊接条件 1	
0005	MOVJ	VJ = 25.00	移到不碰撞工件、夹具的地方（退避点）	（程序点 4）
0006	MOVJ	VJ = 25.00	移到待机位置	（程序点 5）
0007	END		结束	

4. 设定焊接条件

（1）设定焊钳条件文件　焊钳条件文件需设定以下内容：

1）焊钳号（初始值：1）。

2）焊钳类型（初始值：单行程）。

3）焊机号（初始值：1）。

4）小开检测（初始值：关）。

5）设定停止时的焊钳状态（初始值：开）。

（2）参数设定

1）AxP003：最大焊机连接数。初始值设定为 4，开始时这个值被自动设定，不需要修改。

2）AxP004：焊钳大开行程的 ON/OFF 信号。指定行程切换信号输出 ON 或 OFF，使焊钳处于大开状态。位指定可以指定为 I/O（1：ON，0：OFF），初始值设定为 "0"，如图 3-47 所示。

$$0\ 0\ 0\ 0\ 0\ 0\ 0\ 0$$
$$8\ 7\ 6\ 5\ 4\ 3\ 2\ 1 \qquad 焊钳序号$$

图 3-47　焊钳大开行程的 ON/OFF 信号的设定

3）AxP005：行程改变应答时间极限。使用 X 双行程机械止动型焊钳时，进行行程切换，由此参数设定从行程切换顺序开始到加压命令结束为止的时间。设定范围 0.0 ~ 9.9s，初始值设定为 "0"，此时，对文件中设定的 "止动型行程改变时间" 输出改变信号后，焊钳加压命令转换成 OFF。

4）AxP006：焊接条件奇偶指定。在连接着焊钳的点焊机上，焊接条件信号中附加了奇偶校验信号时，用此参数指定奇数奇偶性或偶数奇偶性。对 4 台点焊机进行位指定（0：奇数 1：偶数），初始值设定为 "0"，如图 3-48 所示。

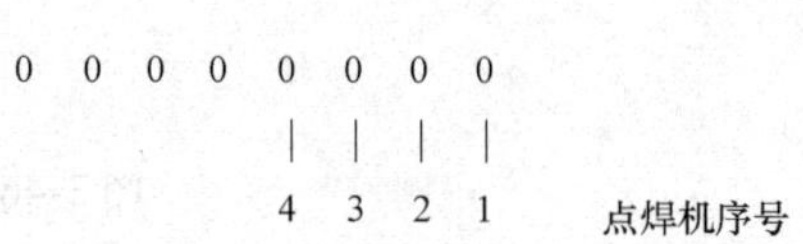

5）AxP007：省略预期时间。在执行 GUNL 或 SPOT 命令时，上一行的移动命令中附有 NWAT 命令，而 GUNCL 或 SPOT 命令后未指定 ATT 时，由此参数指定预期时间。初始值为 "0" s 时，如通常情况一样，

$$0\ 0\ 0\ 0\ 0\ 0\ 0\ 0$$
$$4\ 3\ 2\ 1 \qquad 点焊机序号$$

图 3-48　焊接条件奇偶的指定设定

机器人移动到示教位置的同时，开始执行各命令。

6）AxP015：焊接异常复位输出时间。当接收到报警复位信号时，设定对点焊机的异常复位信号的输出时间。设置值为"0"时，即使收到外部来的报警复位信号，也不对点焊机输出异常复位信号。

7）AxP016、AxP017：电极磨耗量警报值。此参数用于设定检测磨耗时的电极磨耗量警报值（AxP016：可动侧；AxP017：固定侧）。如果设定的内容和用户系统不同，需改变文件内容，见表3-35。

表 3-35　设定焊钳条件的操作步骤

序号	操作步骤	说　明
1	选择【主菜单】→【点焊】	
2	选择【焊钳条件】	显示焊钳条件画面 焊钳条件 焊钳号：　1 焊钳类型　　　　　　　　：单行程 焊机号　　　　　　　　：1 小开检测　　　　　　　：OFF 设定停止时的焊钳状态　：ON 进入指定页
3	把光标移到要设定项的地方	
4	按【选择】键	

（3）在焊机上设定焊接条件　点焊时的焊接电流和焊接时间必须在焊机上设定。用行0004的SPOT命令指定设定的焊接条件的编号（例如：WTM = 1）、焊接电流和焊接时间。在焊机上设定焊接条件的操作，见表3-36。

表 3-36　设定焊接条件的操作步骤

板厚/mm	大电流-短时间			小电流-长时间		
	时间/周期	压力/kg·f	电流/A	时间/周期	压力/kg·f	电流/A
1.0	10	225	8800	36	75	5600
2.0	20	470	13000	64	150	8000
3.2	32	820	17400	105	260	10000

注：1 周期 = 16.7ms。

3.4.2　运行程序

在此对决定焊接姿态的程序点 2 和焊接开始位置的程序点 3 的示教方法进行说明。

重要提示：

① 待机位置的程序点 1，应设置在与工件、夹具等不干涉的位置。

② 示教时，应把焊钳设为开放状态。

1. 示教结束后，应用【前进】、【后退】键确认轨迹程序点 2——焊接开始位置附近（接近点）

（1）首先确定焊接状态

1）用轴操作键设定机器人进行焊接的姿态。

2）按【回车】键，输入程序点 2，如图 3-49 所示。

```
0000    NOP
0001    MOVJ VJ=25.00
0002    MOVJ VJ=25.00
0003    END
```

图 3-49　确定焊钳的焊接姿态

（2）示教程序点 3——焊接开始位置

移到焊接开始位置，输入焊接开始命令 SPOT。

1）按手动速度【高】或【低】键，使状态显示区显示中速，如图 3-50 所示。

| 程序 | 编辑 | 显示 | 实用工具 |

图 3-50　显示区显示中速移动

2）用轴操作键将机器人移到焊接开始位置，如图 3-51 所示。

3）按【回车】键，输入程序点 3，如图 3-52 所示。

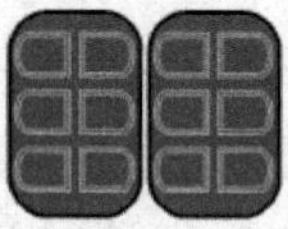

图 3-51　轴操作
键移动机器人

```
0000    NOP
0001    MOVJ VJ=25.00
0002    MOVJ VJ=25.00
0003    MOVJ VJ=25.00
0004    END
```

图 3-52　示教程序点 3

4）按【. / 点焊】键，输入缓冲器显示行显示："SPOT　GUN#（1）MODE = 0　WTM = 1"，如图 3-53 所示。

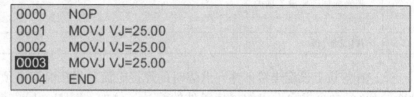

⇒ **SPOT** GUN#(1) MODE=0 WTM=1

图 3-53　输入缓冲器显示行

5）按【回车】键，输入 SPOT 命令。

2. 检查运行

检查运行是为了确认示教的轨迹，检查运行时，因为不执行 SPOT 命令，所以能进行空运行。

1）将模式旋钮对准"PLAY"设定为再现模式，如图 3-54 所示。

REMOTE　　　TEACH
PLAY

图 3-54　模式选择旋钮

2）在主菜单中选择 ｛实用工具｝，再选择 ｛设定特殊运行｝，显示特殊运行的设定画面，如图 3-55 所示。

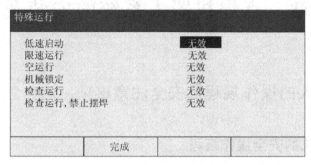

图 3-55　设定特殊运行画面

3）把光标移到"检查运行"的设定值上，按【选择】键，使状态成为"有效"。每按一次【选择】键，状态在"有效"和"无效"之间切换，如图 3-56 所示。

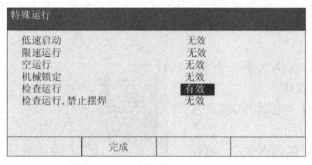

图 3-56　特殊运行的状态切换

4）确认机器人附近没有人时，再按【启动】按钮，以确认机器人的轨迹正确。

3. 进行焊接

轨迹合适时，开始进行实际焊接，如果"检查运行"处于"无效"状态，SPOT 命令也被执行。

思　考　题

1. 移动命令有哪些?
2. 模式旋钮有几种模式? 简述在不同模式下的操作。
3. 示教编程命令有哪些?
4. 简述省电时间的设定。

第4章 点焊机器人系统的安装及调试

4.1 点焊机器人的操作规程及安全注意事项

4.1.1 点焊机器人的安全操作规程

1) 机器人操作人员必须经过培训,熟悉设备的一般性能和结构,且持证操作。
2) 保持机器人工作站及周围环境的清洁。
3) 操作人员对设备按照点检的要求进行检查。
4) 操作人员必须遵守有关设备的管理制度、规定和标准,使用和维护设备。
5) 机器人工作站的具体操作步骤如下:

首先检查系统供水供气是否正常,然后按如下顺序进行操作。

① 打开变稳压器"电源开关",按下电源"启动"按钮。

② 打开控制箱"电源开关"。电控箱操控面板如图4-1所示。

③ 将示教器上的模式旋钮切换至【示教】(也就是 TEACH 模式),示教器上的操作键如图4-2所示。

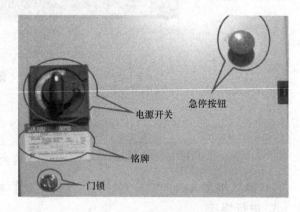

图4-1 电控箱操控面板

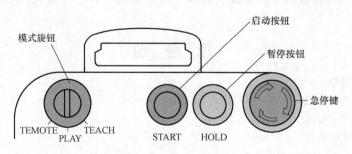

图4-2 示教器操作键功能

④ 按下【伺服准备】使其灯闪亮。示教器移动键及功能键如图4-3和图4-4所示。

⑤ 按下示教器移动键上的【伺服接通】按钮,使其保持常亮状态。

⑥ 注意本体的位置及姿势。把速度调到低速,防止发生危险。

⑦ 用关节坐标或直角坐标带动机器人。

⑧ 工作结束关机。在就绪灯亮的前提下,按下操作台上"急停"按钮,机器人伺服断

图 4-3　示教器移动键

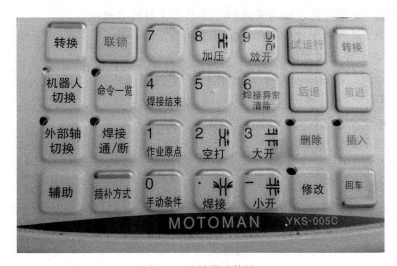

图 4-4　示教器功能键

电，释放"急停"按钮，依次断开控制器、配电柜中的机器人变压器、点焊控制箱和工作站控制柜对应的各电源开关。

⑨ 工作结束切断电源后，关闭压缩空气，待 5min 后关闭冷却水。

6）安全操作的注意事项：

① 开机前应确保本体动作范围内无人或杂物。

② 检查控制箱与本体及与其他设备连接是否正确。

③ 检查供给电源与机器人所需电源相匹配。

④ 检查各个急停按钮和暂停按钮，确保其功能有效。

⑤ 本体运转时，严禁人或物进入其工作范围之内。

⑥ 机器人工作时，禁止进入安全围栏内。

⑦ 进入围栏时，应将门上联锁开关拔出，通过围栏门进入。

⑧ 使用中注意观察电极修磨器是否正常。

⑨ 工作站开机操作后，观察机器人的第一步动作是否正常。等机器人正常焊接完第一个点后，开机操作才算是正常完成。

⑩ 工作中，因工件未到位而停止时，摆正工件，按"就绪"按钮 6s 才能重新开始工作。

⑪ 机器人报警时，机器人均处在暂停状态。按示教盒【SELECT】键，取消报警后，按下操作台上的"启动"按钮，机器人继续运行。报警信号取消不了时，可依据机器人的报警号查阅本教材"6.2　错误信息一览表"，并做相应处理。

⑫ 随时观察机器人工作状态，着重注意以下几点：

a. 焊点是否正确。

b. 姿态是否合适。

c. 冷却系统是否完好。

d. 焊接电流是否异常。

e. 伺服电动机、RV 减速机、焊接电源等是否有异常噪声、振动、温升。

f. 发现问题，立即停机，找有关维修工或技术人员检查修理。

7）其他。RV 减速器工作约 6000h 加注专用润滑油一次。

8）编程示教的安全注意事项。

① 安全基本原则。在保证人身安全的前提下，注意保证设备的安全。

② 生产安全。

a. 非工作站操作者无权对工作站进行操作。

b. 无关人员不能进入机器人工作区（安全围栏内）。

c. 工作站正常工作时，不能随便按动操作台按钮。

③ 示教安全。

a. 示教时尽量避免站在机器人与工件或机器人与固定物之间，以免机器人异常动作产生对人体的伤害。

b. 示教时一定要注意示教速度：机器人与焊枪、焊枪与工件较近时应采用较低的速度示教。避免机器人与焊枪、焊枪与工件相撞。

c. 示教过程和工作过程中，一个程序未结束、严禁示教另一程序（主程序和其子程序除外）。

d. 示教或修改完成后，一定要认真验证程序的正确性，验证后方可切换到正常工作状态（验证时应采取较低的速度）。

4.1.2　点焊机器人的安全注意事项

在使用前（安装、运转、保养、检修），务必熟读机器人安全知识和其他设备资料，还应熟知机器人系统知识、用电安全知识及操作注意事项后再开始使用机器人。要遵照装贴在机器人上的警示牌执行，忽视这些警示可能会造成人身伤害和设备损坏，机器人可能对人造成伤害隐患。

本书中的安全注意事项可分为"危险 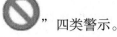""注意 ""强制 "和"禁止

"四类警示。

1. 危险

指不当的行为和操作可能带来的危险，如图 4-5 所示。

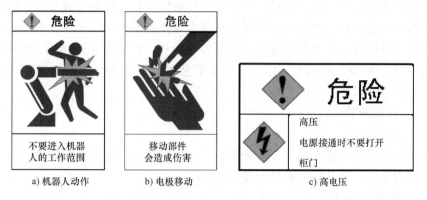

图 4-5　机器人可能对人造成的伤害隐患

在危险情况下，若不能及时制动机器人，则可能引发人身重伤事故、死亡或设备事故。危险情况下操作急停键及解除的方法如下：

（1）急停键 不慎进入机器人动作范围内或与机器人发生接触，都有可能引发人身伤害事故。另外，发生异常时，应立即按下急停键。急停键位于控制柜前门和示教编程器右上角的红色按钮。

（2）急停状态解除 解除急停后再接通伺服电源时，要解除造成急停的事故后才能接通伺服电源。由于误操作造成的机器人动作，可能引发人身伤害事故。

2. 注意

指可能发生中等程度伤害、轻伤事故或物件损坏，通常包含以下内容：

1）运转此类部件时，务必按规定将盖子或安全罩还原后，再按提示要求运转。

2）为代表性示例，可能与所购买产品不同。

3）由于产品改进、规格变更及说明书自身便于使用等原因而进行适当的修改。

4）由于破损、丢失等原因需订购产品时，与生产企业联系。

5）不得擅自进行产品改造，否则不在产品保修范围之内。

进行机器人示教作业前要检查以下事项，有异常则应及时修理或采取其他必要措施。

1）机器人动作有无异常。

2）外部电线遮盖物及外包装有无破损。

3）示教器用完后要放回原处。如不慎将示教器放在机器人、夹具或地上，当机器人运动时，示教编程器可能与机器人或夹具发生碰撞，从而引发人身伤害或设备损坏事故。

4）理解"警告标志"的意义，正确使用机器人。

"注意"类事项也会因情况不同而产生严重后果，因此，任何一条"注意"事项都极为重要，应务必遵守。

3. 强制

本书对点焊机器人的示教、再现、程序及文件编辑操作、作业管理等内容进行了全面的阐述，操作前务必在认真阅读并充分理解的基础上操作机器人。对于安全事项，以及在操作学习中有关安全的讲述，要充分理解后再进行实际操作，以确保正确使用。"强制"虽然不同于"注意"或"危险"的内容，但为了确保安全和有效的操作，操作者在进行机器人动作示教时，务必遵守以下事项：

1）保持从正面观看机器人。

2）遵守操作步骤。

由于误操作造成的机器人动作，可能引发人身伤害事故。进行以下作业时，需确认机器人的动作范围内没人，并且操作者处于安全位置。

① 控制柜接通电源时。

② 用示教编程器操作机器人时。

③ 试运行时。

④ 自动运行时。

3）考虑机器人突然向自己所处方位运动时的应变方案。

4）确保设置躲避场所，以防万一。

4. 禁止

指禁止的事项，严禁操作或运行。

4.1.3　机器人的日常保养与维护

1. 机器人的日常保养

1）检查电控箱通风是否良好。

2）检查机器人的电缆线、示教器、操作面板及周边设备是否有损伤现象。

3）平时运行中注意机器人有无异响和其他不正常现象。

4）保持机器人和电控箱周围清洁。

5）正确开机、关机。

2. 机器人日常维护

（1）本体和电控箱内锂电池的维护

1）本体和电控箱内锂电池如低于 2.8V 就必须更换。

2）更换电池时必须在电控箱和本体通电的状态下进行。

（2）本体内加油的注意事项

1）加油孔和出油孔不能混淆。

2）油品要分清楚，千万不能加错。

3）加油后运转 30min，使其充分润滑后再密封。

（3）机械手臂的保养注意事项

1）切勿在机械手臂上加装重的物品。

2）正确的注油品方式及加注日期，并注意油的气味及是否纯净。

3）在示教时应避免摩擦或碰撞的现象产生。

4）正确地使用速度，勿全部从头到尾都是示教极速。

5）平常检查是否有油品渗透的现象或油塞损坏。

6）检查是否有齿隙以及噪声出现，尤其高湿度环境或潮湿地段。

7）底座螺钉以及所有螺钉的检查。

（4）电控箱的保养

1）散热以及通风是否良好，风扇是否运转。

2）粉尘的清洁。

3）注意内部的电源接头和主电源的电压，以及保护接地线是否牢固。

4）切勿在机器人的地方做手工焊接的搭线，可能会把机器人电动机编码器烧毁或引发其他故障。

5）请把不要的孔位盖住，以防动物侵入咬断电线。

（5）机器人易损件备品　保证一定的机器人易损件备品库存非常重要，由于机器人长期在恶劣的环境中工作，过高的温度、过多的腐蚀性物质、过多的粉尘和其他一些不可抗拒的因素都会缩短机器人的使用寿命。机器人部件发生故障多为突发性，事先不会有任何征兆，由于主要零部件需进口，交货期较长，会严重影响企业的生产计划，以造成重大经济损失，所以库存一定量的备品非常必要。ES165N、HP165 用 NX100 推荐库存备品见表 4-1。

表 4-1　ES165N、HP165 用 NX100 推荐库存备品

序号	类别	名称	型号	参考库存	每台使用数量	备注
1	A	电池	ER6VC3N 3.6V	1	1	东芝电池
2	A	控制电源风扇	JZNC-NZU01	2	2	安川电机
3	A	背面导管式风扇	4715MS-22T-B50-B00	2	2	Minebea
4	A	柜内循环风扇	4715MS-22T-B50-B00	2	2	Minebea
5	A	控制电源熔丝	326010 10A 250V	10	2	Little
6	A	制动器熔丝	SMP50　5A　125V	10	1	大东通信
7	A	I/O 用 24V DC 熔丝	312003 3A 250V	10	2	Little
8	B	整流器	SGDR-COA080A01B	1	1	安川电机
9	B	控制电源	CPS-420F	1	1	安川电机
10	B	伺服控制基板	SGDR-AXA01A	1	1	安川电机
11	B	控制基板	JANCD-NCP01	1	1	安川电机
12	B	机器人 I/F 板	JANCD-NIF01-1	1	1	安川电机
13	B	I/O 基板	JANCD-NI001-1	1	1	安川电机

（续）

序号	类别	名称	型号	参考库存	每台使用数量	备注
14	B	电源接通时序基板	JANCD-NTU01-1	1	1	安川电机
15	C	机器人 I/F 单元	JZNC-NIF01-1	1	1	安川电机
16	C	伺服单元	SGDR-HP20	1	1	安川电机
17	C	电源接通单元	JZRCR-NTU01-1	1	1	安川电机
18	C	CPU 单元	JZNC-NRK01-1	1	1	安川电机
19	C	示教编程器	JZRCR-NPP01-1	1	1	带 8m 电缆

4.2　点焊机器人的安装

4.2.1　安装的注意事项

点焊机器人系统一般由点焊机器人、点焊钳、点焊控制箱、气/水管路、电极修磨机及各类线缆等构成。

点焊机器人系统具有管线繁多的特点，特别是机器人与点焊钳间的连接上，包括点焊钳控制电缆、点焊钳电源电缆、水气管等。而机器人在生产线上的工作空间相对比较狭小，管线的处理、排布在实际生产过程中，直接影响到机器人的运动速度和示教的质量，也会给设备的生产维护留下很多隐患。

机器人的安装对其功能的发挥十分重要，底座的固定和地基应能够承受机器人加减速运动时的动载荷以及机器人和夹具的静态重量。

另外，机器人的安装面不平整时，有可能发生机器人变形，性能受影响。机器人安装面的平面度，应确保在 0.5mm 以下。

应按照急停时机器人最大动载荷和加减速时的最大力矩对机器人地基进行设计和施工。

1. 急停时机器人最大动载荷（见表 4-2）

表 4-2　急停时机器人最大动载荷

机器人型号 回转转矩	ES165D	ES200D	ES165RD	ES200RD
水平面回转时最大转矩 （S 轴动作方向）	32000N·m （3265kgf·m）	32000N·m （3265kgf·m）	32000N·m （3265kgf·m）	32000N·m （3265kgf·m）
垂直面回转时最大转矩 （LU 轴动作方向）	78500N·m （8000kgf·m）	78500N·m （8000kgf·m）	78500N·m （8000kgf·m）	78500N·m （8000kgf·m）

2. 加减速时最大力矩（见表 4-3）

4.2.2　安装的场所和环境

机器人安装现场必须满足以下环境条件：

1）周围温度：0~45℃。

表 4-3　加减速时最大转矩

回转转矩 \ 机器人型号	ES165D	ES200D	ES165RD	ES200RD
水平面回转时最大转矩 （S 轴动作方向）	9400N·m （960kgf·m）	9400N·m （960kgf·m）	9410N·m （960kgf·m）	9000N·m （918kgf·m）
垂直面回转时最大转矩 （LU 轴动作方向）	23900N·m （2434kgf·m）	27150N·m （2771kgf·m）	14650N·m （1495kgf·m）	26150N·m （2664kgf·m）

2）湿度：20% ~ 80% RH，不结露。

3）灰尘、粉尘、油烟、水等较少的场所。

4）不存在易燃、易腐蚀液体及气体的场所。

5）不受大的冲击、震动的场所（4.9m/s²）。

6）远离大的电气噪声源。

7）安装面的平面度 0.5mm 以下。

4.2.3　机器人本体和底座的安装

首先，在地面上固定底板，底板需要有足够的强度。推荐底板厚度应为 50mm 以上的钢板，选用 M20 以上的地脚螺栓固定。

把机器人的底座固定在底板上，机器人的底座上共有 8 个安装孔。用 M20 的六角头螺栓（推荐长度为 80mm）紧密固定，应确保内六角头螺栓和地脚螺栓在工作中不发生松动。机器人底座的固定示意图如图 4-6 所示。

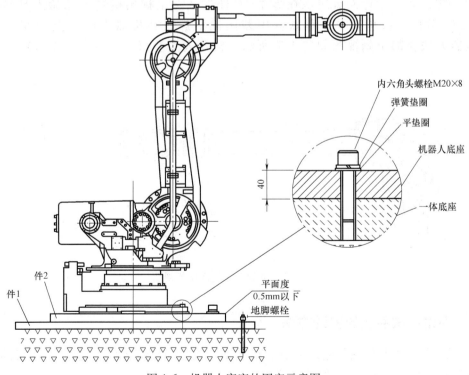

图 4-6　机器人底座的固定示意图

注：件 1 表示机器人安装底座的基板；件 2 表示机器人安装底座/底板。

固定底板和机器人本体的步骤如下：

1）使用地脚螺栓完成件1与地基连接。

2）利用水平仪调整件2的调平螺栓。件2调平后，在件1与件2之间加入垫板填实后，沿件1与件2的结合缝断续焊接，焊缝长100mm、间隔50mm、焊脚12mm。

3）机器人的本体安装。按图4-6中规格要求，将螺栓穿过机器人底部的定位孔与底座（件2）锁紧。

4.3　焊钳的安装

4.3.1　点焊钳的类别及型号

1. 检查焊钳的标志

以日本小原焊钳为例，"SRTC-×××"是指一体化C型电动焊钳；"SRTX-×××"是指一体化X型电动焊钳。

2. 与设计人员确认系统的焊钳型号

在安装焊钳之前，务必向设计人员确认在该工位的机器人所配备的焊钳型号，设计人员有义务对安装人员进行说明，并进行安装指导。

3. 确定焊钳相对于机器人法兰的安装方向

为了确保离线程序导入时，机器人能正常运行程序，且节约调试工期，焊钳的正确安装非常必要。设计人员应该在焊钳2D图的法兰上标出机器人原始工具坐标的X向、Y向、Z向，或从离线编程软件中截图说明焊钳在机器人法兰上的安装位置关系。机器人法兰部位侧视图如图4-7所示，机器人法兰部位主视图（A向），如图4-8所示。

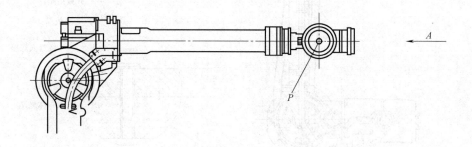

图4-7　机器人法兰部位侧视图

4.3.2　焊钳在法兰上的安装方法

1）准备焊钳安装使用的绝缘套管、绝缘垫、绝缘销及绝缘板。使用12.9级的安全螺栓，按图4-9中所示的方式使用这些部件。

用6条M10×40的螺栓进行安装，如图4-10所示。

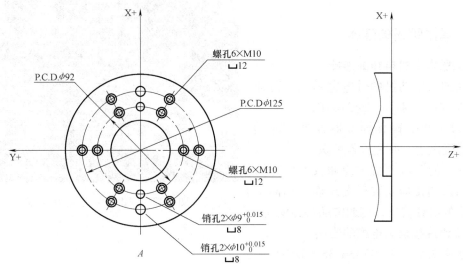

图 4-8　机器人法兰部位主视图（A 向）

注：X +／－方向是销孔所在的位置。

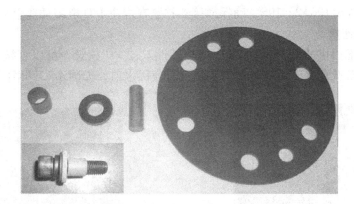

图 4-9　焊钳安装使用的绝缘器件和安全螺栓

2）用力矩扳手，使用 48N・m 力矩对螺栓进行紧固，并在紧固完成后在螺栓上进行标记，如图 4-11 所示。

图 4-10　6 条 M10×40 的螺栓

图 4-11　使用力矩扳手紧固

3）焊钳安装完成后的状态，如图4-12所示。

图4-12　焊钳安装完成后的状态

4.3.3　焊钳管线的连接

1. 伺服电动机电缆的连接

包括伺服电动机的供电电缆和编码器电缆，插头分别为 MS3108B20-15S 和 MS3108B20-29S，确保插接器拧紧在电动机的电缆插座上，并做拧紧标识。

注意：伺服电动机电缆插头的外壳为弯头，如果插接器安装后发现插头朝向不利于焊钳的电缆梳理，应调整插头的朝向。

2. 焊钳焊接动力电缆的连接

电缆插头为 MS3106A36-3S * D190 *，确插插接器拧紧在焊钳动力电缆插座上，并做拧紧标识。

3. 焊钳控制 I/O 电缆的连接

电缆插头为 MS3106A22-19S，确保插接器拧紧在焊钳 I/O 电缆插座上，并做拧紧标识。

4. 冷却水的连接

机器人手腕部提供的水管为 ϕ12mm 的难燃性双层 PU 软管，可以直接与焊钳上的快插接头相连接。通常蓝色水管对应进水口，红色对应回水口，如图4-13 和图4-14 所示。

回水口

图4-13　回水口的连接

进水口

图4-14　进水口的连接

4.3.4　电缆的梳理

在完成焊钳所有的电缆及水管连接后，要对管线进行捆扎和捆绑处理，必要时安装固定块进行固定，梳理电缆管线应注意以下方面：

1）固定电缆是使电缆尽量远离焊钳电极臂，尤其要避免电缆管线与焊钳的活动部分进行解除，防止焊钳使用过程中对电缆和管线的摩擦。

2）电缆过长部分要平行绑扎，禁止绑成螺旋状。

3）电缆梳理时，一定要借助机器人的 R 轴、B 轴、T 轴的操作来进行观察，要确认：

电缆的预留长度是否合适；电缆与机器人手臂有无干涉；电缆与焊钳钳体有无干涉；T 轴旋转时，电缆的移动状况。

机器人运行过程中，焊钳的姿态变换会非常频繁且速度很快，电缆的扭曲非常严重，为了保证所有连接的可靠性及安全性，一定要采用以下措施：

1）接头插接器，尤其是焊接变压器动力电缆接头（CN-WE）一定要通过固定板与点焊钳紧固在一起，并且保证电缆有足够的活动余量，确保不会因焊钳的姿态变换时电缆的扭转造成接头的连接松动，否则会引起接头的严重损坏及重大事故发生，如图 4-15 所示。

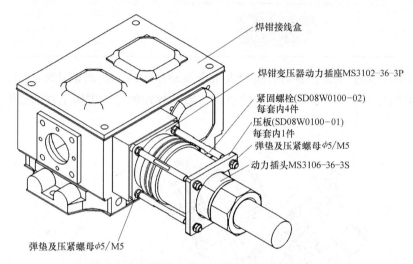

焊钳接线盒
焊钳变压器动力插座MS3102-36-3P
紧固螺栓(SD08W0100-02)
每套内4件
压板(SD08W0100-01)
每套内1件
弹垫及压紧螺母φ5/M5
动力插头MS3106-36-3S
弹垫及压紧螺母φ5/M5

图 4-15   焊钳的电线、电缆插接器部位示意图

2）调试人员在示教时，应反复推敲机器人的姿态，力争使焊钳在姿态变换时过渡自然，避免电缆的过分拉伸及扭转。

4.4 TCP 工具点校准

4.4.1 控制点偏离的判断

判断控制点是否偏离，采取控制点不变的操作方法，即不改变工具尖端点（TCP 点）的位置，只改变工具姿态的轴操作。此项操作可在关节坐标以外的坐标系进行，按住轴操作键时，各动作见表 4-4。

表 4-4   控制点不变的轴动作

轴名称	轴操作键	动作
基本轴	X- / X+ (S- / S+)	控制点移动。在直角、圆柱、工具、用户各坐标系中动作不同
	Y- / Y+ (L- / L+)	
	Z- / Z+ (U- / U+)	

（续）

轴名称	轴操作键	动作
腕部轴		控制点不变,使腕部轴动作,在直角、圆柱、工具、用户各坐标系中动作,观察控制点是否偏离

同时按下两个以上轴操作键时,机器人按合成动作运动。但如果【X-】+【X+】同轴反方向两键同时按下,全轴不动。TCP 点的位置及焊钳的动作方向示意图如图 4-16 所示。

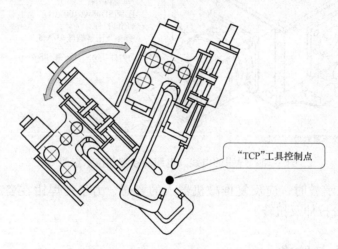

"TCP"工具控制点

图 4-16　TCP 点的位置及焊钳的动作方向示意图

4.4.2　XYZ 参照法计算 TCP 点

KUKA 机器人在测量 TCP 时采用 XYZ 参照法时,它将新工具（此处特指焊钳）与已测量过的工具进行比较测量,机器人控制系统比较法兰位置,并对新工具的 TCP 进行计算,如图 4-17 和图 4-18 所示。

1. XYZ 参照法的基本条件

（1）前提　在连接法兰上装有一个已测量过的工具,运行方式为 T1 或 T2。

（2）准备　计算已测量工具的 TCP 数据。

1）选择菜单序列准备运行→测量→工具→XYZ 参照。

2）输入已测量工具的编号。

3）记录 X、Y 和 Z 数值。

4）用"取消"键关闭窗口。

2. XYZ 参照法的操作步骤

1）选择菜单序列准备运行→测量→工具→XYZ 参照。

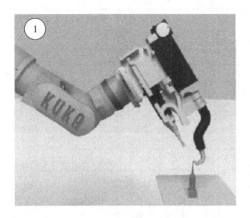

图 4-17　计算已测量工具的 TCP 数据

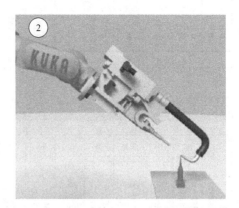

图 4-18　计算新工具的 TCP 数据

2）为新工具给定一个号码和名称，用"继续"键确认。

3）输入已测量工具的 TCP 数据，用"继续"键确认。

4）用 TCP 移至任意一个参考点，单击"测量"，用"继续"键确认。

5）将工具空移，然后拆下，安装上新工具。

6）用新工具的 TCP 移至参考点，单击测量，用"继续"键确认。

7）单击备份，数据被保存，窗口关闭；或按下负载数据，数据被保存，一个窗口将自动打开，可以在窗口中输入负载数据；或按下 ABC 2 点法或 ABC 世界坐标法，数据被保存，一个窗口将自动打开，可以在此窗口中确定工具坐标系的方向。

4.5　点焊机器人通信接口

4.5.1　机器人输入接线图

点焊机器人信号反馈、点焊控制器及外部控制信号等输入接线，如图 4-19 所示。

4.5.2　机器人输出接线图

点焊机器人各种指令、电水气等控制信号的输出接线如图 4-20 所示。

4.6　焊钳的连接与供气系统

4.6.1　机器人焊钳的连接

在日本安川点焊机器人系列中，应用于点焊用途的机器人主要有 ES165D/ES165RD 和 ES200D/ES200RD，它们专门应用于点焊的主要特点为焊钳连接的气管、水管、I/O 电缆及动力电缆都已经被内置安装于机器人本体的手柄内。因此，机器人在进行点焊生产时，焊钳移动自由，可以灵活地变动姿态，同时可以避免电缆与周边设备的干涉。

1. 机器人基座部分

机器人基座部分（电缆、气管、水管的接入）如图 4-21 所示。

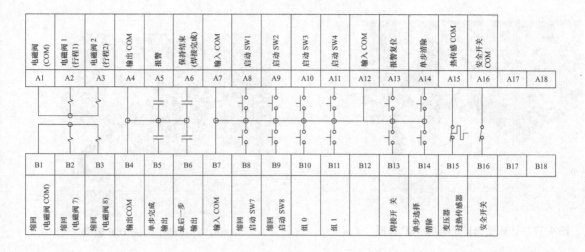

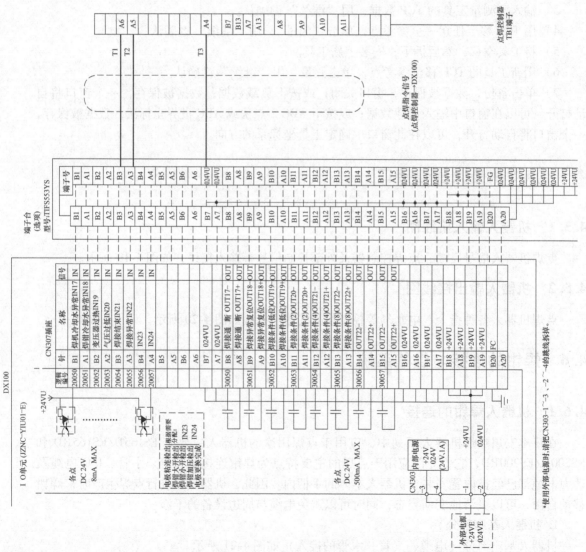

图 4-19　机器人输入接线图

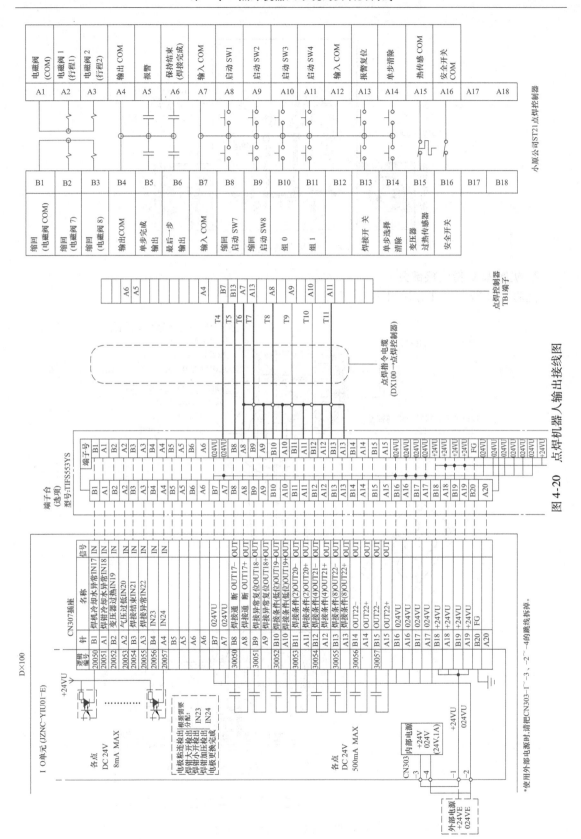

图 4-20　点焊机器人输出接线图

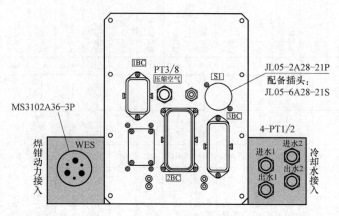

图 4-21　机器人基座部分接口

2. 机器人 U 臂连接部分

机器人 U 臂连接部分如图 4-22 所示。

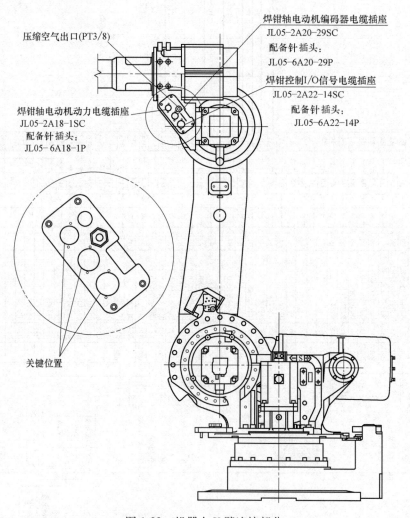

图 4-22　机器人 U 臂连接部分

3. 气动焊钳的连接

机器人与气动焊钳的连接如图 4-23 所示。

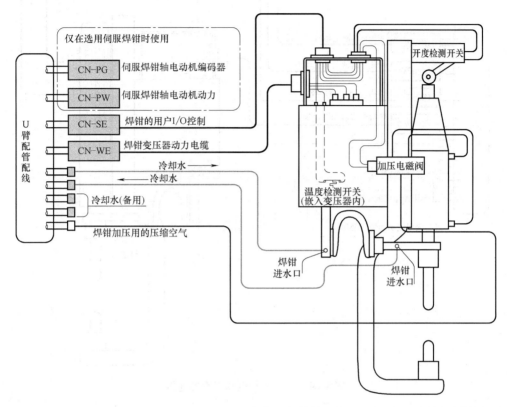

图 4-23　机器人与气动焊钳的连接

机器人手腕末端配备的插接器（气动焊钳）规格见表 4-5。

表 4-5　机器人手腕末端配备的插接器（气动焊钳）规格

插接器种类	MOTOMAN 产品提供	焊钳侧匹配
焊钳 I/O 控制信号 CN-SE(S1)	MS3106A 22-19S	MS3102A 22-19P
焊接变压器动力电缆 WES(CN-WE)	MS3106A 36-3S(D190)	MS3102A 36-3P(D190)
压缩空气管 AIR1	φ12	接 φ12 气管的快插接头
冷却水管(进 2、出 2)	φ12	接 φ12 气管的快插接头(防漏水)

4. 电动焊钳的连接

机器人与电动焊钳的连接如图 4-24 所示。

机器人手腕末端配备的插接器（电动焊钳）规格见表 4-6。

表 4-6　机器人手腕末端配备的插接器（电动焊钳）规格

插接器种类	MOTOMAN 产品提供	焊钳侧匹配
伺服焊钳轴电动机电源 CN-PW	MS3108B 20-15S	MS3102A 20-15P
伺服焊钳轴电动机编码器 CN-PG	MS3108B 20-29S	MS3102A 20-29P
焊钳 I/O 控制信号 CN-SE(S1)	MS3106A 22-19S	MS3102A 22-19P
焊接变压器动力电缆 WES(CN-WE)	MS3106A 36-3S(D190)	MS3102A 36-3P(D190)
压缩空气管 AIR1	φ12	接 φ12 气管的快插接头
冷却水管(进 2、出 2)	φ12	接 φ12 气管的快插接头(防漏水)

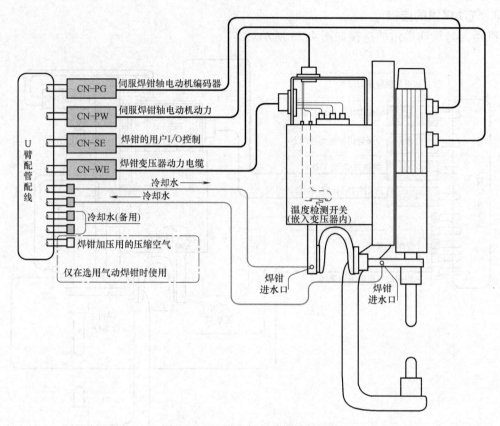

图 4-24　机器人与电动焊钳的连接

5. 焊钳配线图

（1）用户 I/O 配线　用户 I/O（输入/输出）配线如图 4-25 所示。

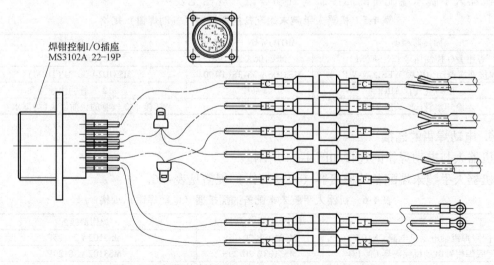

图 4-25　焊钳控制插座用户 I/O（输入/输出）配线

焊钳控制插座 I/O（输入/输出）电缆编号与规格如图 4-26 所示。

图 4-26 反映了机器人对气动焊钳动作的控制信号（I/O）的标准分配，在使用电动焊

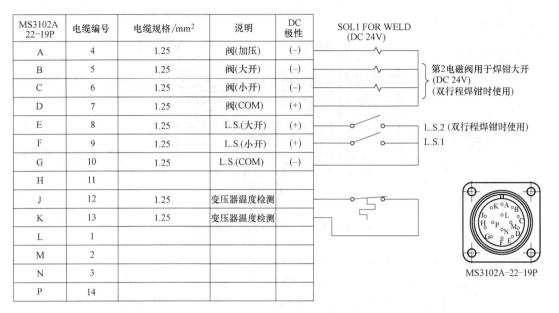

图4-26 焊钳控制插座 I/O（输入/输出）电缆编号与规格

钳时仅需要接入"J/K"（变压器温度检测）即可。

（2）焊接动力 焊接动力插座线号及标识如图4-27所示。

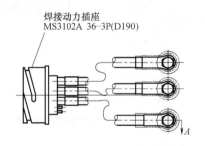

a) 焊接动力插座的接线示意图

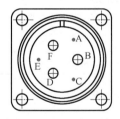

b) 插座标识

MS3102A 36-3P	电缆颜色	电缆	注解
A			
B	黑色	U 22sq	电源
C			
D	黑色	V 22sq	电源
E			
F	黑色	E 14sq	接地

c) 焊接动力插座的连接

图4-27 焊接动力插座线号及标识

（3）电动焊钳的电动机 电动焊钳的电动机插座连接如图4-28所示。

（4）焊钳上的冷却水回路（见图4-29）

图4-29所示是焊钳常规冷却水路配置，为2-4-2配置，一般用于大型焊钳，还有1-4-1

焊钳伺服电动机型号:
SGMSS-15A2A-YR11
SGMSS-20A2A-YR11

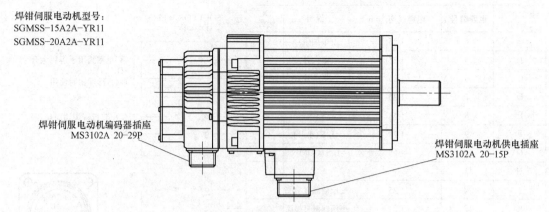

焊钳伺服电动机编码器插座
MS3102A 20-29P

焊钳伺服电动机供电插座
MS3102A 20-15P

图 4-28　电动焊钳的电动机插座连接

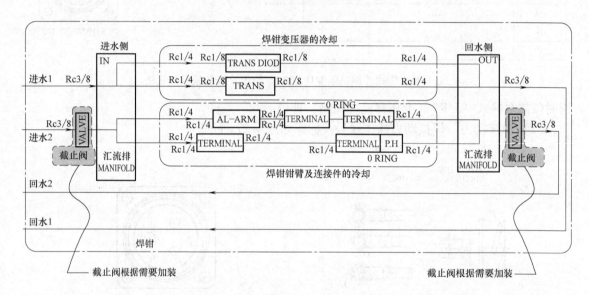

图 4-29　焊钳上的冷却水回路

配置方式,可以用于小型焊钳的冷却。一般在焊钳设计图上有冷却水回路图指示,要注意核对。焊钳上配备的截止阀用于电极自动更换时对焊钳钳臂中水路的截止。

4.6.2　点焊机器人系统供气单元

在选用气动点焊钳组成点焊机器人系统时,采用如下两种压缩空气压力的气路设计是必要的。

1)压缩空气的压力决定点焊钳的加压力。为了达到焊钳的正常使用压力,必须保证焊钳的设计气压。所以在采用气动点焊钳时,为了保证打点焊接的质量,应选用压力检测开关。

2)电极修磨机的刀头所能承受的压力一般低于打点焊接时的压力,约为 0.2MPa。在修磨电极时,必须将向焊钳提供相对低的气压,以确保刀头免于压碎。

下面列举一个气路系统:焊钳的设计压力为 0.6MPa,电极修磨时使用的压力为

0.2MPa，低压力压缩空气也可通过其他气体控制阀取得，可根据具体情况灵活选用，如图4-30 所示。

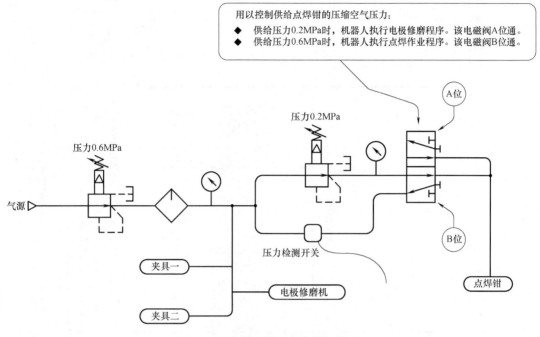

图 4-30　点焊机器人系统供气单元

也可以采用比例阀控制气压，但机器人控制柜必须配备模拟量输出板，以实现对气路压力的调节。

3）气动焊钳内部配线（见图4-31）。

4）电动焊钳内部配线（见图4-32）。

4.7　点焊机器人的外部控制系统

以某企业机器人点焊系统为例予以介绍，该系统由机器人系统、夹具系统、转台系统和焊接系统构成，工作站采用 PROFIBUS + 数字 I/O 实现彼此通信，该系统电气结构如图4-33 所示。

4.7.1　安全防护系统

系统通电后，初始化机器人的状态，对于安全信号，应分等级处理。重要的安全信号通过与机器人的硬线连接来控制机器人急停；级别较低的安全信号通过 PLC 给机器人发出"外部停止"命令。系统的任务选择是由输送线控制器完成的，输送线控制器通过传感器来确定车型并通过编码方式向机器人点焊工作站发出相应的工作任务，点焊控制器接受任务并调用相应的机器人程序进行焊接。焊接过程中，系统检测机器人的工作状态，如机器人发生错误或故障，系统自动停止机器人及焊枪的动作。当机器人在车身不同的部位焊接时，需要不同的焊接参数。控制焊枪动作的焊接控制器中可存储多种焊接规范，每组焊接规范对应一

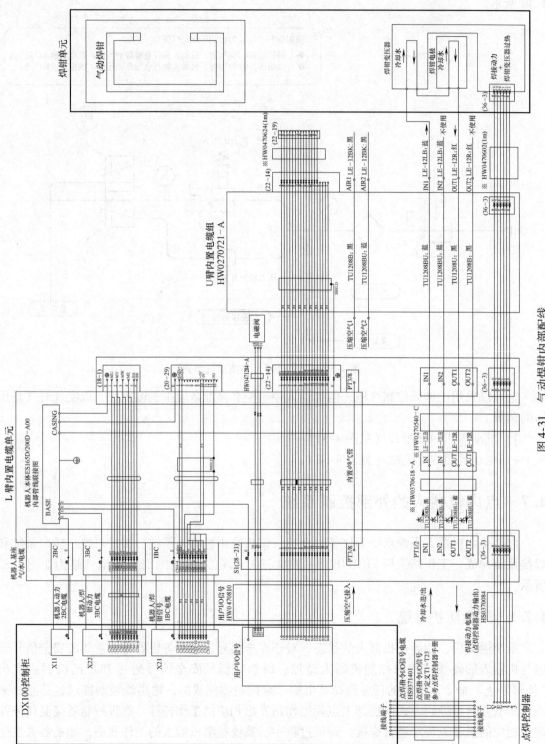

图 4-31 气动焊钳内部配线

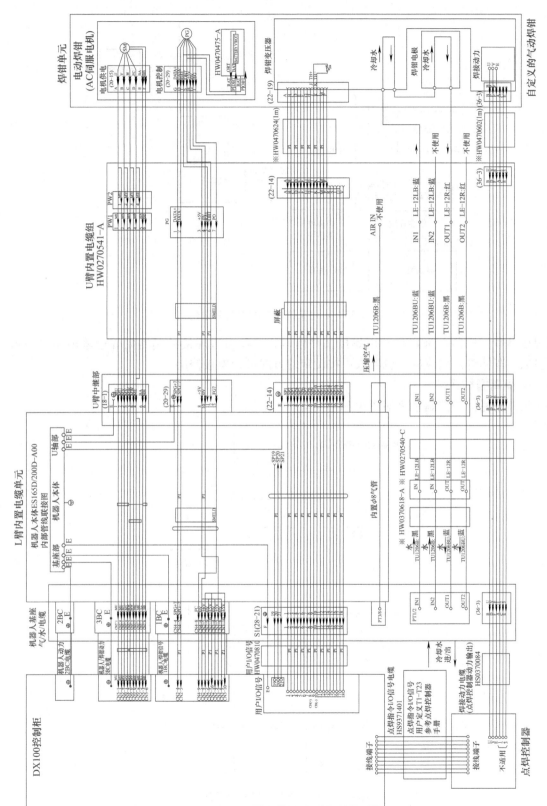

图 4-32 电动焊钳内部配线

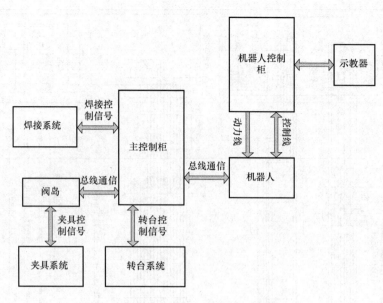

图 4-33　点焊系统电气控制部分结构

组焊接参数。机器人向 PLC 发出焊接文件信号，PLC 通过焊接控制器向焊枪输出需要的焊接参数。车体焊接完成后，机器人可按设定的方式进行电极修磨。

1. 隔离栅栏保护

隔离栅栏保护控制系统如图 4-34 所示。

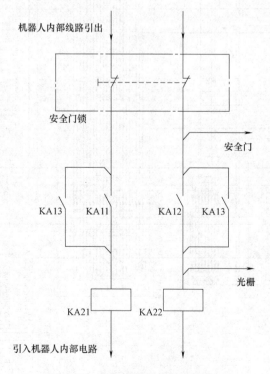

图 4-34　隔离栅栏保护控制系统

　　隔离栅栏的作用是将机器人的工作区域与外界隔离。工作区域入口处设有一个安全门，机器人在自动模式下工作时速度相当快，如果有人打开安全门，试图进入机器人工作区域内，机器人会自行停止工作，以确保人员安全。

2. 安全光栅保护

　　为了确保安全，转台在转动时不允许人员进入机器人工作区域。安全光栅位于装件区两侧，一侧是发射端，一侧是接收端。如果有人在转台工作时试图从装件区进入机器人工作区域必定要穿过安全光栅，这样接收端便接收不到发射端发射的光，从而产生转台停止信号，如图 4-35 所示。

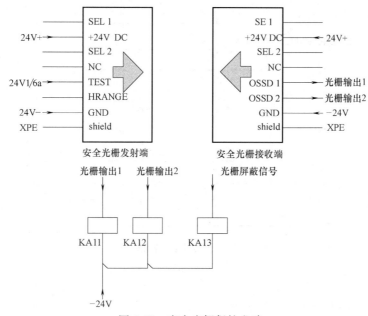

图 4-35　安全光栅保护电路

3. 急停电路

　　在机器人点焊系统的调试运行过程中经常会出现一些突发情况，例如：工人在调试机器人过程中出现机器人动作偏离轨迹而要撞上转台夹具或焊钳电极与板件粘结等，这就需要及时排除险情。在机器人示教器上以及主控制柜的控制面板上分别设有急停按钮，便于在出现紧急情况时能将系统停止工作，以免发生安全事故，如图 4-36 所示。

4.7.2　夹具系统

　　夹具系统通常采用的接近开关和气缸的工作原理如下：

1. 电感式接近开关的工作原理

　　电感式接近开关由三大部分组成，即振荡器、开关电路和放大输出电路。振荡器产生一个交变磁场，当金属板件接近这一磁场，并达到感应距离时，在金属板件内产生涡流，从而导致振荡衰减，以至停振。振荡器振荡及停振的变化被后级放大电路处理并转换成开关信号，传输到 PLC，作为夹具关闭的必要条件。此时，接近开关的工作指示灯会点亮。如果指示灯没有点亮，则说明板件位置没有放好，夹具则不会关闭，否则会将板件压变形，如图 4-37 所示。

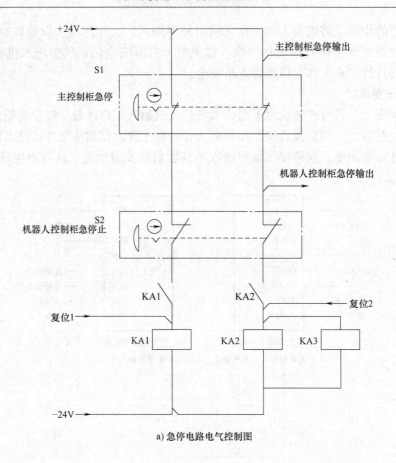

a) 急停电路电气控制图

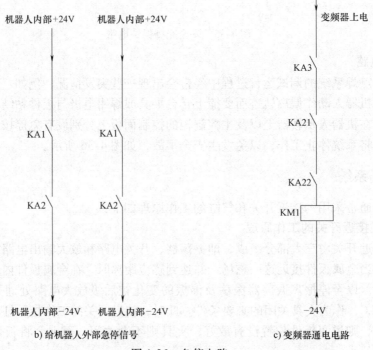

b) 给机器人外部急停信号　　　　c) 变频器通电电路

图 4-36　急停电路

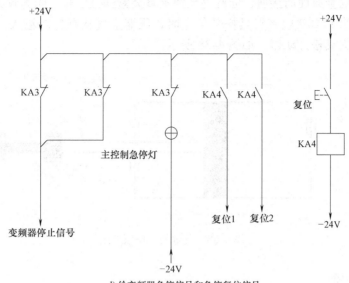

d) 给变频器急停信号和急停复位信号

图 4-36　急停电路（续）

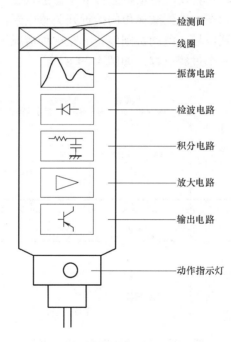

图 4-37　电感式接近开关的工作原理图

2. 气缸的工作原理

气缸为双作用气缸，其被活塞分为两个腔室，即有杆腔和无杆腔。当 PLC 接收到夹具夹紧信号，通过总线传输到阀岛，阀岛打开相应气路，压缩空气从无杆腔端的进气口输入，并在活塞左端面上的力克服了运动摩擦力、负载等反作用力，推进活塞前进，有杆腔内的空气经该端排气口排入大气，使活塞伸出，从而带动夹具夹紧。当活塞前进到位时，接近开关感应到活塞右边的金属面而接通，向阀岛反馈夹具夹紧到位信号，阀岛收到信号后，关闭相应气路。同样，当 PLC 接收到夹具松开信号时，压缩空气从有杆腔输入，无杆腔气体从排气口排出，完成夹具松开动作，如图 4-38 所示。

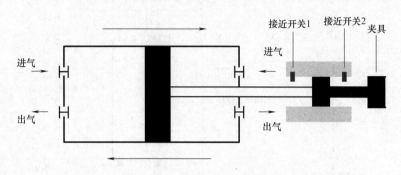

图 4-38　气缸的工作原理图

4.7.3　转台系统

转台电动机是通过变频器来控制的。电动机设有两种转速，即低速和高速。当系统在手动模式时，出于安全考虑，转台转动时电动机始终处于低速状态；而在自动模式下，当转台电动机起动之后就处于高速状态，直到减速位的接近开关感应到信号时，电动机转为低速运动，当停止位接近开关感应到信号，电动机则停止。在这种情况下，低速运动作为转台电动机由高速状态到停止状态的一个过渡过程，如图 4-39 所示。

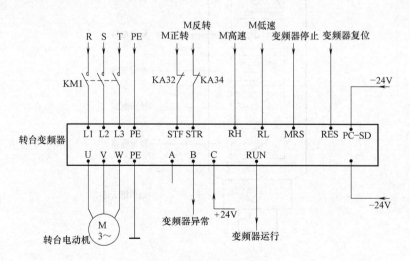

图 4-39　变频器控制转台电动机

阀岛与 ET200 总线通信，如图 4-40 所示。

1. 转台定位

转台定位电路控制系统，如图 4-41 所示。

2. 转台减速

转台减速电路控制系统，如图 4-42 所示。

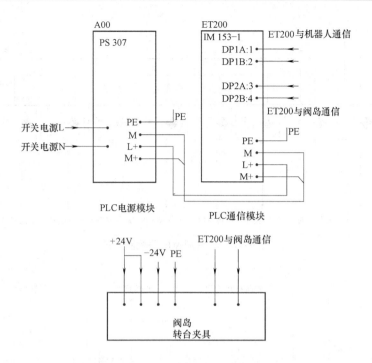

图 4-40　阀岛与 ET200 总线通信

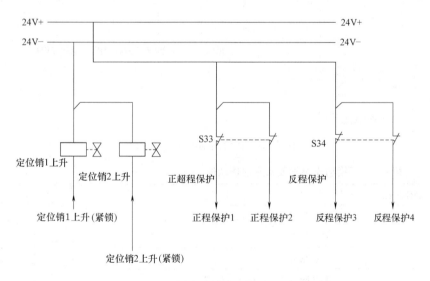

图 4-41　转台定位电路控制系统

3. 转台制动

转台制动电路控制系统，如图 4-43 所示。

4.7.4　焊接系统

1. 焊钳控制电路

气动焊钳通过气缸来实现焊钳的闭合与打开，它有三种动作，即大开、小开和闭合。焊钳动作过程及相应动作功能见表 4-7。

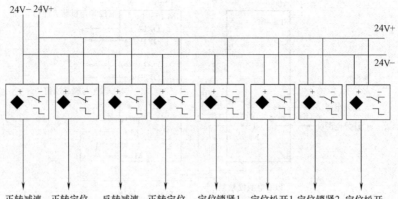

图 4-42　转台减速电路控制系统

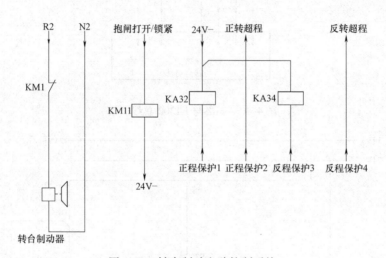

图 4-43　转台制动电路控制系统

表 4-7　焊钳动作过程及相应动作功能

焊钳动作过程	动作的功能
大开-小开	避开障碍之后，到达焊点位置
小开-闭合	开始打点
闭合-小开	打点结束
小开-大开	避开障碍，前往下一焊点位置

焊钳控制电路，如图 4-44 所示。

2. 修磨器控制电路

焊钳在焊接一段时间之后电极头表面会氧化磨损，需要将其修磨之后才能继续使用。为了实现生产装备的自动化，提高生产节拍，可为点焊机器人配备一台自动电极修磨器，实现电极头工作面氧化磨损后的修锉过程自动化，同时也避免人员频繁进入生产线带来的安全隐患。修磨器控制电路如图 4-45 所示。

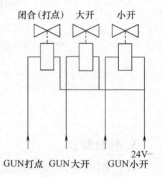

图 4-44　焊钳控制电路

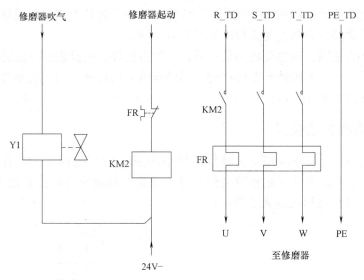

图 4-45　修磨器控制电路

4.8　夹具系统操作模式

4.8.1　夹具系统手动模式

若夹具状态为打开，在放入板件之后需要将夹具关闭，夹具能够关闭的必要条件是用于板件定位的两个接近开关工作指示灯必须点亮，说明接近开关已经感应到板件，板件放置无误，按下夹具关闭按钮之后，夹具夹紧，且不会造成板件变形。如果至少有一个接近开关没

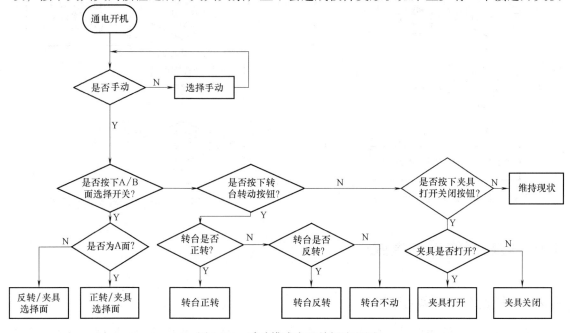

图 4-46　手动模式夹具关闭流程图

有工作，按下夹具关闭按钮则无效。此时应该检查板件是否放置正确，或接近开关信号线是否接触良好。手动模式夹具关闭流程图如图 4-46 所示。

若夹具现状为关闭，现需要将夹具打开，并取出板件，夹具能打开的必要条件是转台必须到位，定位销上升。以防转台在转动时，误操作将夹具打开，出现安全事故。手动模式夹具打开流程图如图 4-47 所示。

4.8.2　夹具系统自动模式

在自动模式下，无需手动按下夹具打开/关闭按钮，只要按照工艺流程，夹具打开、关闭的条件满足了，系统自动完成相应动作。自动模式夹具动作流程图如图 4-48 所示（参见配套光盘视频-（28）点焊机器人工作站）。

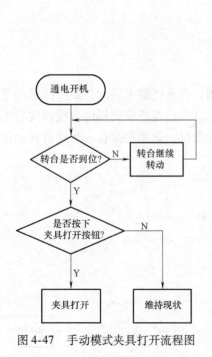

图 4-47　手动模式夹具打开流程图

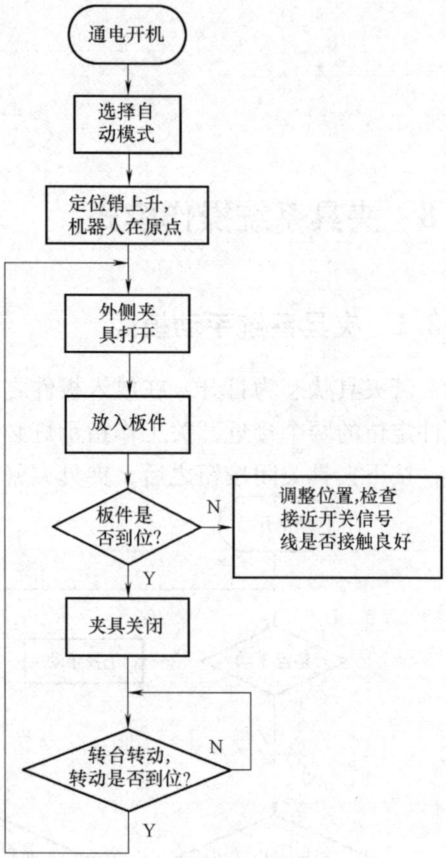

图 4-48　自动模式夹具动作流程图

4.9　转台系统操作模式

4.9.1　转台系统手动模式

通过机器人的示教器设定机器人初始位置，也是机器人工作完成之后回到的位置，将其作为机器人原点（安全点），即机器人停在此点能确保转台在转动过程中不会因撞到机器人而损坏设备。手动模式下，按下转台正转按钮或转台反转按钮可以起动转台，转台只有在定位销处于下降状态才能起动，而定位销下降的前提是机器人必须在原点，否则按下定位销下降按钮无效。转台到位后，按下定位销上升按钮，将转台定位。手动模式转台动作流程图如图 4-49 所示。

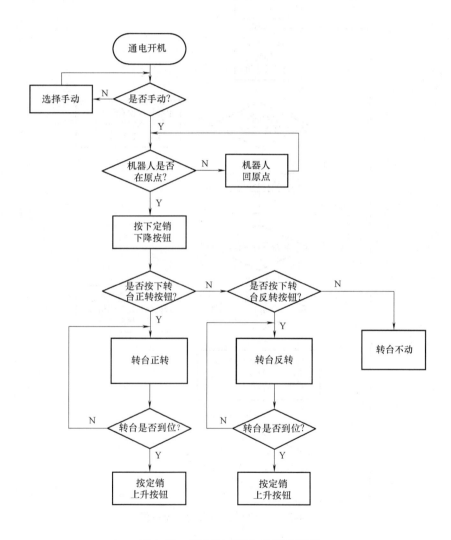

图 4-49　手动模式转台动作流程图

4.9.2　转台系统自动模式

在自动模式下，按照工艺流程，只要转台起动的条件成立了，转台自动起动。自动模式下转台动作流程图（参见配套光盘视频 –（5）水平回转变位焊接），如图 4-50 所示。

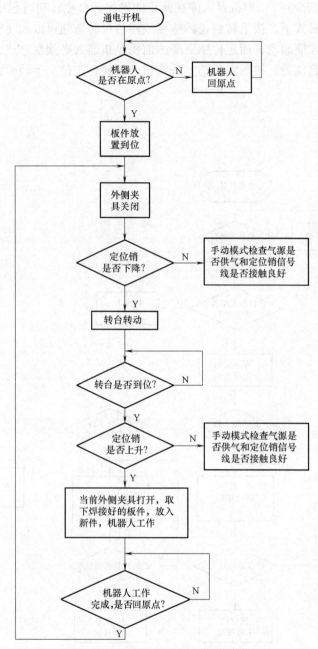

图 4-50　自动模式转台动作流程图

思 考 题

1. 简述点焊机器人的安全注意事项。
2. 简述点焊机器人的操作规程。
3. 点焊机器人的日常保养和维护工作有哪些?
4. 简述机器人本体和底座的安装步骤。
5. 简述点焊机器人 TCP 点的校正方法。

第5章　点焊机器人在实际生产中的应用

5.1　点焊机器人在轿车白车身焊装线的应用

　　轿车白车身是指尚未进入涂装和内饰件总装阶段之前的车身，它是轿车的动力系统、行驶系统、电气系统、内外饰件等轿车子系统的载体，是轿车动力性、舒适性、平顺性等轿车性能的载体，是轿车外观形象、外观质量的载体，所以轿车白车身制造是轿车总车制造中一项最关键的制造技术。

　　白车身是汽车重要组成部分，它是涂装前由薄板冲压零件装焊而成的车身结构，是指四门两盖（前车门、发动机盖和行李箱盖，或统称开口件）安装前的车身骨架，不包括发动机和内饰件。在车身制造中，为了便于装配和焊接，通常将车身分成总成（前围总成、后围总成、侧围总成等），各个分总成又分为若干个小总成，各个小总成则有由若干个零件组成，这样在车身焊接时，通常是先将零件焊装成小总成，再将小总成焊装成分总成，最后将分总成焊装成车身。通常薄板冲压件在白车身车间经离线分拼焊接后，将分总成送到车身焊装线，由机器人等自动化设备将前地板、后地板、水箱总成、车顶和四门两盖装配线、底板（或称地板）装配线、底板补焊线、总拼线、打磨线等和车顶激光焊等生产线上装配、焊接、加工形成白车身（参见配套光盘视频-（3）轿车生产全过程）。

5.1.1　点焊机器人系统案例

　　点焊机器人系统案例如图5-1所示。

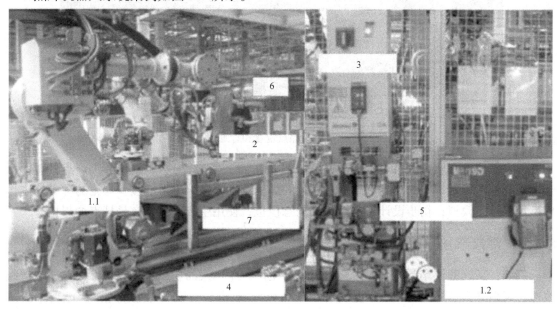

图5-1　点焊机器人系统案例

点焊机器人系统各部位名称见表5-1。

表5-1　点焊机器人系统各部位名称

序号	设备名称	序号	设备名称	序号	设备名称
1	机器人系统	2	气动点焊钳	5	水气控制单元
1.1	机器人本体	3	点焊控制器	6	围栏
1.2	机器人控制器	4	自动电极修磨器	7	车身输送系统

5.1.2　点焊机器人生产指标

1. 生产指标

一条生产线各作业站所使用的机器人，其生产指标主要包括：生产线设备的最大产能；生产线的生产节拍；生产线各作业站的生产工艺；车型所有焊点的分布图等数据资料。

2. 生产效率和焊接质量

机器人生产效率和焊接质量应主要体现在：人工作业困难的焊点；人工作业存在安全隐患的焊点；车体设计时品质面要求高的焊点；能够提高工效的焊点等方面。焊接完的车体基础骨架会形成"安全舱"式的车身结构，这种车身结构使车辆在侧面及正面碰撞时具有良好的吸能和抗撞击性能，构成优越的生存空间，如图5-2所示（参见配套光盘视频-(8) 车头部分焊接）。

图 5-2　车身的焊点位置和计划焊点数

选取焊枪的一般方法及原则：根据工作站的打点位置进行分类；根据各类焊点位置的钣金端面及外形设定焊枪的初步形式；将相近的焊枪统一整合以尽可能减少焊枪的种类；制作模型焊枪进行模拟；初步设计并进行三维动态模拟；使用生产线上已有悬挂点的焊枪。

5.1.3　焊接节拍与产能计算

例如：某国营汽车制造企业因轿车超负荷生产，生产线品质亟待提升，计划在原生产线改造、规划导入点焊机器人，产量为30000台/年、双班，因该线是过渡生产，故要求投资成本尽量省，即在能完成指定焊点数目的同时，机器人的数量及焊枪的数量要尽量少。

1. 该生产线生产节拍的计算

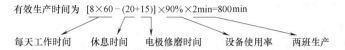

有效生产时间为 [8×60－(20+15)]×90%×2min=800min

每天工作时间 休息时间 电极修磨时间 设备使用率 两班生产

日产量按生产纲领 30000 台/年，每日采用双班制计算如下：

日产量＝30000 台/年÷12 月÷21 天（月平均工作日）≈120（台/天、双班）

生产节拍（C/T）＝800min（每天有效生产时间）÷120 台/天≈6.67min/台＝400s/天

2. 焊点区分

依据机器人规划原则，将人工作业困难、不安全、品质要求高等焊点筛选出来分配给各机器人，车体各部件焊点区分的名称和车身各部位的焊点类别见表 5-2。

表 5-2 车体焊点区分

焊点数 \ 焊点类别 \ 原站	人工作业困难	人工打点不安全	品质要求高	其他
补焊 1#	62	22		
补焊 2#	14	82		
补焊 3#	74	14	22	56
其他站		13	308	
合计	150	131	330	56

由表 5-2 可知，共有焊点：150 点＋131 点＋330 点＝611 点，必须规划各焊点到相应的机器人，如图 5-3 所示（参见配套光盘视频-(15)汽车底板焊接）。

图 5-3 车身骨架焊接

3. 机器人焊枪的种类设定

按照选枪方法对各焊点进行机器人焊枪的种类设定，见表 5-3。

表 5-3 机器人焊枪种类

枪形	G1	G2	G3	G4	G5	G6	G7	G8
可焊点数	116	115(8)	78	5(16)	10(58)	44(56)	14	24(67)

由表5-3可知，要完成这些焊点的作业要有8种不同形式的焊枪，括号内焊点数依次为G2、G4、G5、G6、G8五种焊枪均可作业。

4. 机器人及焊钳类型的选择

尽管同一把焊钳可焊接的焊点数相当多，这些焊点可能从车头分布到车尾，但由于一台机器人活动的范围有限，故同一形式的焊钳就不止一把。另外，同一机器人活动范围内可能有多种类别的焊点，为了提高单台机器人的使用效率，该机器人就应采用"枪（焊钳）交换"机构。单台机器人打点数量应以其作业总时间不超过该生产线的生产节拍为极限。

（1）机器人台数的初步设定　机器人各主要动作时间经验值见表5-4。

表5-4　机器人各主要动作时间经验值

序号	动作类别	平均时间/（s/点）
1	预焊	3～4
2	连续作业点焊	2～3
3	特殊位置焊点	5～6
4	换枪（焊钳）	20

规划机器人点焊的总时间（每个焊点平均按照3.5s估算）为

（150点＋131点＋330点）×3.5s＝2139s→点焊的总时间

机器人台数的概算为

2139s÷400s/台（生产节拍）＝5.35（台）→约6台

故机器人的规划按照6台初步设定。

（2）机器人工作站设定　每个工作站正常状况下仅能布置下4台机器人，6台机器人必须分成两个站。因车体焊点一般情况下为左右对称分布，所以每站中的机器人也应以对称分布为原则，如图5-4所示（参见配套光盘视频-(16)汽车底板焊装线）。

图5-4　工作站机器人布置

5.1.4　机器人工作周期的优化分析

以某汽车生产企业的车身生产为例，先将车体各作业站焊接工艺卡中所有要用机器人进行点焊的焊点按部位进行分类标注，如图5-5所示（参见配套光盘视频-(14)汽车车门焊装线）。

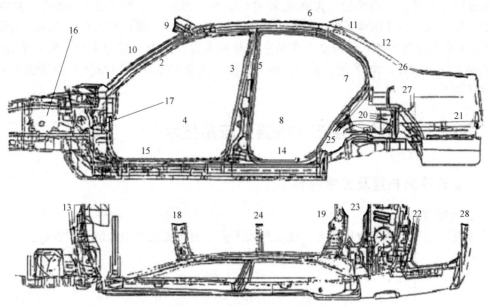

图 5-5 车体打点分配示意图

　　在各台机器人可活动范围内将同一种焊枪能焊接到的焊点合理分配给相应的机器人，并对各台机器人所负责的焊点及动作进行时间分析，以单台机器人作业总时间在符合生产节拍内为原则，对焊点进行调整，生产线中 6 台机器人点焊周期分析如图 5-6 所示。图中分析仅为生产线的左侧，右侧与左侧对称，相关分析结论与左侧相同。

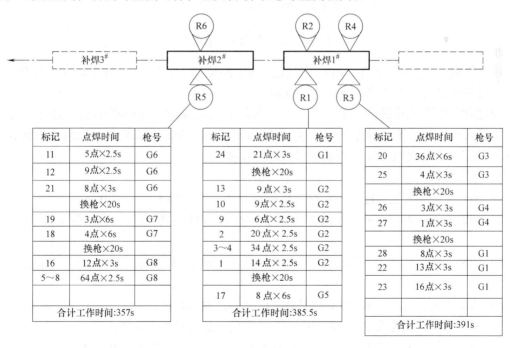

标记	点焊时间	枪号
11	5点×2.5s	G6
12	9点×2.5s	G6
21	8点×3s	G6
	换枪×20s	
19	3点×6s	G7
18	4点×6s	G7
	换枪×20s	
16	12点×3s	G8
5~8	64点×2.5s	G8
合计工作时间:357s		

标记	点焊时间	枪号
24	21点×3s	G1
	换枪×20s	
13	9点×3s	G2
10	9点×2.5s	G2
9	6点×2.5s	G2
2	20点×2.5s	G2
3~4	34点×2.5s	G2
1	14点×2.5s	G2
	换枪×20s	
17	8点×6s	G5
合计工作时间:385.5s		

标记	点焊时间	枪号
20	36点×6s	G3
25	4点×3s	G3
	换枪×20s	
26	3点×3s	G4
27	1点×3s	G4
	换枪×20s	
28	8点×3s	G1
22	13点×3s	G1
23	16点×3s	G1
合计工作时间:391s		

图 5-6 机器人点焊周期分析

注：△(R1) ~ ▽(R6) 为机器人；标记为点数；s 为秒；枪号为 G1 ~ G8（焊钳）。

根据图 5-6 可以得出结论：为满足 30000 台/年、双班（生产节拍为 400s），并将品质高、要求高、人工作业困难等焊点规划为机器人点焊，该生产线应购入 6 台 200kg 型号的点焊机器人；6 台点焊机器人分两个工作站左右对称布置。其中一站为 4 台，另一站为 2 台；点焊机器人焊钳共有 8 种 18 把，其中一种为 4 把，其余 7 种均为 2 把；6 台点焊机器人均为可换枪（钳）。

5.2　轻型车车身焊装生产线机器人应用技术

5.2.1　工艺平面布置及工序内容

1. 工位布置

某企业轻型车车身工业机器人焊接生产线工艺平面布置示意图如图 5-7 所示。

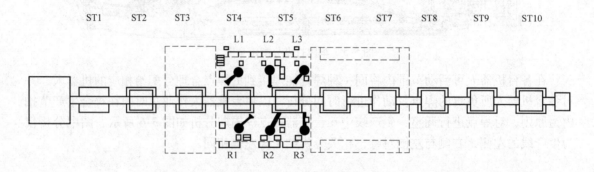

图 5-7　工艺平面布置示意图

图 5-7 中，L1、R1 分别为 ST4 工位左右两侧的机器人，L2、L3 和 R2、R3 分别为 ST5 工位两侧的机器人，生产线共使用六台机器人。

通过电动摆臂式输送线、十个线上工位和线外工位完成对工件的输送、装夹、自动点焊、机器人点焊和人工点焊等车身的全部焊装工作，双排座轻型车白车身焊装线如图 5-8 所示（参见配套光盘视频-(18) 点焊机器人协同作业）。

各工序内容如下：

1）ST1 工位：人工装配，点焊前、后地板总成，左右各 8 点，共 16 点。

2）ST2 工位：人工在前工位组合件上进行装配，点焊中竖板总成，左右各 21 点，共 42 点。

3）ST3 工位：自动多点焊装配左/右侧围总成、前/后围总成，共 47 点，人工点焊定位左、右各 2 点，共 4 点。

4）ST4 工位：机器人 R1/ L1 补焊前工位合件，共 138 点。

5）ST5 工位：机器人 R2/ L2、R3/ L3 补焊前工位合件，共 162 点。

6）ST6 工位：人工装配，点焊顶盖前横梁总成，左右各 2 点，共 4 点；人工装配，点焊顶盖总成，左右各 12 点，共 24 点。

7）ST7 工位：人工补焊前工位合件，共 60 点。

8）ST8 工位：预留人工补焊工位。

9）ST9 工位：预留人工补焊、弧焊工位。

10）ST10 工位：预留工位；白车身下线，人工吊运至调整线。

图5-8　双排座轻型车白车身焊装线

轻型卡车白车身生产线现场（参考）如图5-9所示（参见配套光盘视频-（2）机器人生产应用）。

图5-9　轻型卡车白车身生产线现场（参考）

2. ST4 工位机器人 R1/ L1 的焊接任务及焊钳选择

（1）焊接任务

1）前围与前支柱搭接焊点左右各 8 点。

2）底板、脚踏板和轮罩合件搭接焊点左右各 18 点。

3）底板与后门槛搭接焊点左右各 14 点。

4）后堵板与后连接梁焊点左右各 12 点。

5）后侧围与后围搭接焊点左右各 17 点。

小计：左侧共 69 点，右侧共 69 点。

（2）焊钳选择　选用 X 型焊钳，工艺尺寸（略）、技术说明如下：焊接压力 2500N；焊接电流 8 ~ 15kV·A；辅助行程 240mm；焊接边宽 20 ~ 25mm；电板帽直径 16mm；通电时间 0.3 ~ 0.5s。

3. ST5 工位机器人 R2/L2、R3/L3 的焊接任务及焊钳选择

（1）机器人 R2/ L2 工作过程　首先，各持一把 C 型焊钳，补焊。

1）中支柱、中竖板与后门洞搭接焊点左右各 11 点。

2）后围与底板搭接焊点左右各 11 点。

3）后竖板与后侧围搭接焊点左侧 7 点、右侧 11 点；然后，各自快换一把 X 型焊钳补焊。

4）中竖板与中支柱下堵板搭接焊点左右各 10 点。

5）左后堵板与左后竖板搭接焊点 6 点。

小计：左侧共 45 点，右侧共 43 点。

（2）机器人 R3/ L3 工作过程　各持一把 C 型焊钳，补焊。

1）前围与底板前横梁搭接焊点左右各 9 点。

2）前支柱与前竖板搭接焊点左右各 13 点。

3）中支柱、中竖板与前门洞搭接焊点左右各 8 点。

4）中支柱、中竖板与后门洞搭接焊点左右各 7 点。

小计：左侧共 37 点，右侧共 37 点。

（3）焊钳选择

1）机器人 R2/ L2 采用一把 C 型焊钳和一把 X 焊钳交替使用。

2）机器人 R3/ L3 采用一把 C 型焊钳。

3）工艺参数：焊接压力 3000N；焊接电流 8 ~ 15kA；焊接边尺寸 20mm 宽；电极帽直径 13mm；下电极活动范围 54 ~ 100mm。

4. 机器人点焊时间预设

1）预压时间（t_1）：0.08 ~ 0.25s。

2）通电时间（t_2）：料厚（0.8 + 0.8）mm 时，$t_2 = 0.1 ~ 0.3s$；料厚（1.0 + 1.0）mm 时，$t_2 = 0.2 ~ 0.5s$；料厚（1.2 + 1.2）mm 时，$t_2 = 0.2 ~ 0.7s$。

3）锻压时间（t_3）：0.08 ~ 0.15s。

4）休止时间（t_4）：0.05 ~ 0.1s。

5. 操作要求

机器人工位无人操作，焊枪更换、电极修磨由机器人完成。机器人给出信号，人工更换电极。当操作人员进入机器人工作区间时，本区域的机器人驱动器自动断电，以保证人员安全。

5.2.2　系统集成

1. 设备及安装

（1）工业机器人及其控制柜　该方案选用 4 台 KUKA（IR761/125）和 2 台 KUKA（IR761/150）共六台六轴关节式工业机器人。IR761 125/150 型工业机器人自重 1.5t；一轴运动区间正负 160°；控制器 RC30/51 硬件采用的是三个 80386CPU（一个主 CPU 负责运动轨迹的数据运算，一个从 CPU 负责六个轴电动机的伺服控制，还有一个从 CPU 负责 I/O 和人机接口 HPU）；控制器结构采用的是非标准总线式结构（主控制板、接口控制板和安全电路处理板）；驱动器结构采用一块电源板，机器人手臂的一、二、三轴（关节）各一块驱动板，机器人手臂的四、五、六轴（关节）合一块驱动板；软件无系统软件和应用软件之分；工艺软件采用数据配置方式进行（修改配置文件 CONFIG. DAT 和 R1/CONFIG. DAT 两个文件）。

（2）一体化焊钳及其控制柜　选用法国 ARO 公司的 4 套 X 型和 4 套 C 型工业机器人一体化焊钳，德国 Harms & Wende GmbH & Co. KG 公司的 6 套 MPS9173 型焊接控制柜，这种焊钳的焊接变压器与焊接杆被做成一个整体，它的体积小、结构简单、便于抓取，重量一般在 100kg 左右。焊接控制器采用一种叫做步进电流式焊接技术（STEPPER FUNCTION），该技术能根据电极焊接截面增大到一定量时自动给出信号到机器人，并进行修磨电极，当电极修磨到一定次数时自动给出信号到机器人，进行电极更换。

（3）车身输送装置　电动摆臂式输送线。

（4）车身焊装夹具

（5）焊钳更换装置　选用 KUKA 公司的两套焊钳快换和四个焊钳放置架。

（6）电极修磨器　选用德国 PST　Lutz Technik 公司的六台电极修磨器。

（7）水电气处理站　6 套水电气处理站。

（8）安全护栏　点焊工作区域的安全隔离设施。

2. 安装与连接

工位 ST4、ST5 安装位置图如图 5-10 所示。

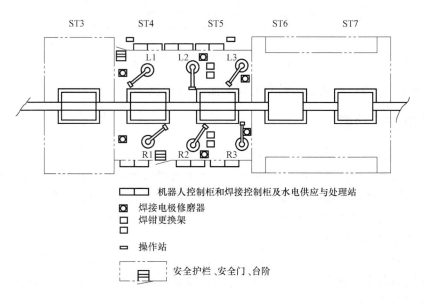

图 5-10　工位 ST4、ST5 安装位置图

3. 软件及 PLC 程序

1）上位机 PLC 程序框图如图 5-11 所示。

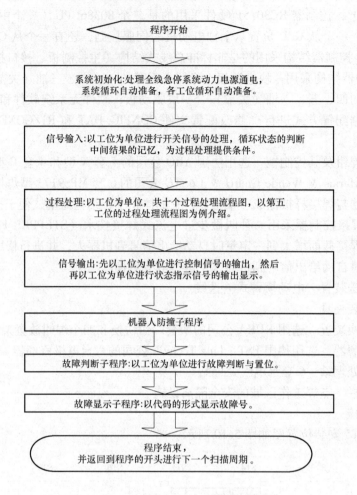

图 5-11　上位机 PLC 程序框图

2）第五工位（ST5）机器人程序流程图如图 5-12 所示。

5.2.3　系统主要功能

1. 工业机器人焊接生产线的多机器人防撞技术

在一条多机器人协同工作的生产线上，为防止机器人之间相互碰撞，必须对机器人运动轨迹进行规划与控制，轨迹规划的目的是在保证生产节拍的前提下，寻找一条最佳路径以尽量减小机器人之间的相互干涉区域，通过计算机仿真技术，将其他指标一起考虑，减少或消除干涉区，减轻控制的难度。

确定或得到机器人之间的干涉区后，在机器人的示教编程过程中，就要分段或分区域进行示教，在机器人工作程序中进行判断、等待、设置区域代码，在上位机程序中进行区域代码判断，输出并控制机器人。

2. 工业机器人焊接生产线的工业机器人运动轨迹平滑技术

如果工业机器人运动轨迹不平滑，在工业机器人高速运动时会很危险，同时也是不允许的。工业机器人的运动轨迹是人工示教，机器人控制器逐条执行以产生连续的运动轨迹，运动指令有"点到点控制 PTP"、"直线控制 LIN"和"圆弧控制 CIRC",一条连续的运动轨迹是由这三条指令首尾相连产生的,这样的运动轨迹在线段连接处是不平滑的,且运动速度也不恒定。为解决这一问题,机器人提供了一种 Advance run 功能,这条指令执行后,控制器就对后面的指令都提前 0~5 条进行计算,运动轨迹的线段连接不平滑的问题就可以用运动指令来解决。但是,当程序执行中遇到输入/输出指令或等待指令时,Advance 指令就会失败,后面的运动轨迹又将变得不平滑,而 Continut 指令可以解决此问题,所以高质量的运动轨迹来自于这些指令的灵活运用。

3. 工业机器人焊接生产线的单机器人多焊钳技术

为了降低成本,同时也为了节约空间,有时一台机器人需要使用两把或多把焊钳在同一工位分时进行工作,焊钳可以有多把,

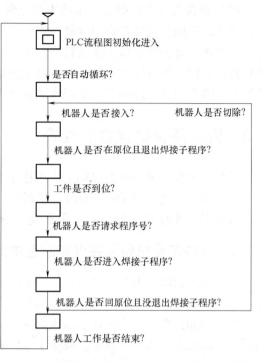

图 5-12　ST5 工位的过程处理流程图

但焊接控制器和其他周边设备却只有一套,且要求机器人的工作不受影响,比如在一台机器人上使用两把焊钳进行工作,因两把焊钳的结构不同,所以动作时序不同,焊接参数也不同。而机器人和控制器的焊接信号线只能有一套,所以必须使用同一套输入/输出信号线对两把焊钳进行配置。此外,两把焊钳必须在一台电极修磨器上进行修磨,需要进行识别,两把焊钳都需要进行电极更换报警提示,也需要进行判断。该项目采用机器人控制器对两把焊钳进行配置,在焊接控制器编制多套焊接程序,在机器人工作程序中进行焊钳识别。

4. 工业机器人焊接生产线的安全防护措施

(1) 人身安全防护措施　机器人是一个非常危险的装置,无论用在哪种场合,都必须将机器人的工作区域用护栏围起来,以防非法进入危险区。机器人提供了两种安全措施:急停(Emergency Stop)和用户安全信号(Usersafe,通常使用门开关)。当使用急停按钮时,机器人的运动并不是立即停止,而是延时一定的时间后(1~3s)才能停止,延时是为了记忆机器人的停止点,所以急停后机器人的运动没有离开程序的运动轨迹,恢复原来的运动无任何问题。当使用 Usersafe 时,机器人立即停止且离开原来的路径,此停止点是一个不确定点,要回到原来的路径必须十分小心。

如果路径上无障碍物,可直接恢复;如果路径上有障碍物或不确定,就必须人工干预,降低运动速度进行恢复,如果确实无法恢复,必须退出程序,手工完成该循环。1999~2000 年的 KUKA 机器人 KR125 能输出 Onpath 和 Offpath 信号,当使用 Usersafe 后机器人立即停止,在已定义的圆形区域内 Onpath,可以自动恢复机器人工作,当机器人工作时,如遇到需要人工进入工作区域处理时(如更换电极冒),按请求进入→系统准备→允许进入的顺序进行操作。

（2）设备安全防护措施　机器人的危险性不仅仅是对人，同样也对设备。自动生产线和机器人之间的位置关系采用软硬件进行双重判断，例如：使用焊钳的位开关判断焊钳的有与无；使用冷却循环水回水流量检测开关，判断电极帽脱落；使用焊接结束开关判断电极是否粘连；使用工作程序结束信号和机器人原位开关判断机器人循环工作是否结束；采用信号中断对焊钳有与无、冷却循环水回水流量、焊接控制器正常、焊接压力等进行处理。

5.3　汽车焊接的柔性化生产

从目前来看，国外柔性自动化生产技术总的发展趋势可归纳为 3F 和 3S。

（1）3F　柔性化（Flexibility）、联盟化（Federalization）和新颖化（Fashion）。

（2）3S　系统化（System）、软件化（Software）和特效化（Speciality）。

5.3.1　各种工业机器人在汽车制造中的应用

在整车制造的四大车间（冲压、焊接、涂装和总装）中，机器人广泛应用于搬运、焊接、涂敷和装配工作。如果与不同的加工设备配合，工业机器人几乎可以做整车生产中的所有工作，例如：点焊、MIG 焊、激光焊接、螺柱焊、打孔、打磨、涂胶和搬运等工作。利用机器人可以大大提高生产节奏，减少工位，提高车身质量。以下简要介绍这些机器人在轿车生产线上的应用（参见配套光盘视频-（26）机器人在汽车生产中的其他应用）。

1. 机器人搬运

由机器人操纵专用抓手或者吸盘，快捷地抓取零件，准确地移动大型零件，并将零件放置到位而不会损坏零件表面。例如：在冲压生产线各压机间采用机器人来搬运零件；在车身底板、侧围和总拼等大型零件的定位焊中，零件定位时基本上都采用机器人抓取零件（参见配套光盘视频-（12）机器人搬运及点焊协调作业）。

2. 机器人点焊

由机器人操纵各种点焊焊枪，实施点焊焊接。机器人可以操纵重达 150kg 的大型焊钳对底板等零件进行点焊。也可以利用微型焊钳对车身总拼（如：侧围和后轮罩连接等空间小而且位置复杂的焊点）进行焊接，通过切换系统可以更换焊枪，进行各种位置的点焊，焊点的质量高且质量稳定，焊接速度快。一般对于简单位置的焊接，焊接速度可达每点 2~3s，对于复杂位置可达每点 3~4s（参见配套光盘视频-（17）双工位点焊机器人）。

3. 机器人弧焊

对于薄板而言，机器人可以很方便地进行仰焊、立焊等各种位置的弧焊。机器人弧焊对零件的装配精度和重复制造精度有一定要求，当零件装配间隙不均匀或不平整时，容易产生焊接缺陷。

4. 机器人激光焊接

机器人激光焊系统由激光器、冷却系统、热交换器、光缆转换器、激光电缆、激光加工镜组和机器人等部分组成。例如：在 POLO 两厢车身骨架焊接中，由两台激光源通过光缆转换器分别为 5 台机器人所带的激光头提供激光输入。由于激光焊接对焊接位置和零件配合要求较高，因此，对机器人重复精度要求也高，一般要高于 ±0.1mm。激光焊接机器人系统及焊缝成形如图5-13所示（参见配套光盘视频-（21）激光焊接机器人、（22）机器人激光焊）。

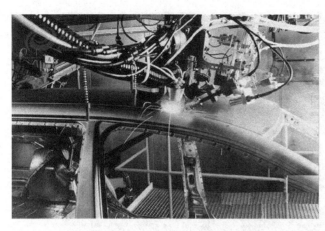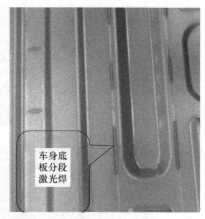

车身底板分段激光焊

图 5-13　激光焊接机器人系统及焊接成形

5. 机器人螺栓焊接

由机器人操纵螺栓焊枪对螺栓进行焊接，也可以进行空间全方位的焊接。机器人螺栓焊接具有位置精度高、焊接质量高和质量稳定的特点。焊接速度快，一般速度可达 2～3s 焊一个螺钉。

6. 机器人 TOX 压铆连接

TOX 压铆连接是可塑性薄板的不可拆卸式冲压点连接技术的国际注册名称，它采用TOX 气液增力缸式冲压设备及标准连接模具，在一个气液增力的冲压过程中，依据板件本身材料的挤压塑性变形，而使两个板件在挤压处形成一个互相镶嵌的圆形连接点，由此将板件点连接起来。POLO 车身的前盖及后盖广泛使用了 TOX 压铆技术，以 TOX 压铆技术连接完全取代了电阻点焊连接，生产过程无飞溅、无烟尘、无噪声，生产效率达到点焊速度（每焊接 1 点约 3s），并且连接点质量稳定可靠，不受电极头磨损情况的影响，效果非常好。

7. 机器人测量打孔

机器人测量打孔系统主要由测量系统、打孔整形焊枪及机器人组成。它是一种新型的测量技术，包括数据采集系统（照相机等）和数据处理系统（PC 等）。数据采集系统对装配型面进行三维数据采样，数据处理系统对采样数据与标准模型进行比较分析，从而决定最佳的位置、角度及方向，并将结果反馈给机器人。在机器人控制打孔整形枪完成在零件上打孔整形的过程中，由于机器人具有高精度（±0.1mm），从而保证了整套系统正常运行。

8. 机器人涂胶系统

机器人涂胶系统主要由涂胶泵、涂胶枪等组成。机器人操纵涂胶枪可以精确地控制粘结剂（车身上主要使用点焊胶）流量，进行各种复杂形状和空间位置的涂敷，涂敷快速而稳定。机器人涂胶工作线如图 5-14 所示（参见配套光盘视频-（10）滑台机器人多种应用视频）。

机器人还可应用在更多的领域，如：激光钎焊、装配、卷边、测量、检验和自动喷漆等。机器人喷漆工作线如图 5-15 所示（参见配套光盘视频-（22）机器人激光焊）。

5.3.2　点焊机器人柔性工作站

焊接机器人系统的柔性化，即：适应于不同零件的焊接夹具；能短时间内快速调换气、

图 5-14　机器人涂胶工作线

图 5-15　机器人喷漆工作线

电信号，快速改换配管、配线；控制程序必须能预置和快速转换，最大限度地发挥机器人特点，以使一套机器人系统能根据需要焊接多种零件和适应产品多样化和改进的要求。下面通过两个点焊机器人工作站系统实际案例讲述柔性工作站的构成及原理。

1. 轿车悬架横梁点焊机器人系统

轿车悬架横梁产品的结构特点为：由冲压成形的悬架本体与多个冲压成形的加强件进行组焊构成，整体结构为冲压焊接结构，点焊焊点较多。板材型号为 StE285（NiCr20AlSi），板厚为 1.5～3mm。

（1）点焊机器人工作站的布置　轿车悬架横梁点焊机器人工作站采用八字形两工位布置，如图 5-16 所示。

（2）控制原理与操作

1）焊接控制箱。焊接控制箱是控制点焊钳的点焊、空打、加压、打开、小开等动作，并要保持与机器人控制箱的信息交流；机器人控制箱控制机器人的动作、工件的焊接；系统

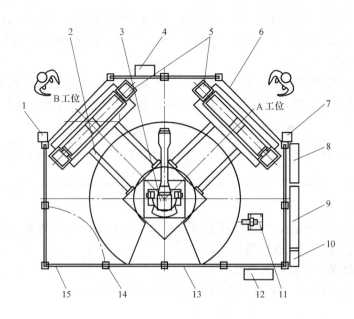

图 5-16　点焊机器人工作站布置图

1—B 工位操作盒　2—移动滑轨　3—UP130 机器人　4—触摸屏　5—变位机
6—红外线保护光栅　7—A 工位操作盒　8—系统控制箱　9—机器人控制箱
10—点焊控制器　11—电极修磨装置　12—机器人变压器　13—防护栏
14—安全锁　15—维修门

控制箱控制焊接起始与终止、夹具的动作、变位机的到位与锁紧、防护门的安全锁、操作按钮和急停按钮等，并协调各动作及安全互锁；操作方式采用触摸屏控制，触摸屏与可编程序控制器之间的信息交流采用通信方式，这样大大提高了系统的可靠性与柔性。

　　2）操作程序。首先接通机器人变压器、焊接变压器、系统控制箱、机器人控制箱各部分电源，再开启水、气总阀，并要保证调出示教编程器内的主程序。将触摸屏上的选择开关旋至"自动"挡。然后就可以对工作站系统操作了。

　　A 工位由人工装件，按下 A 工位操作盒的"夹紧"按钮，则焊接夹具起动并夹紧工件。按下 A 工件操作盒的"完工"按钮，则 A 工位变位机沿着移动滑轨将工件及夹具移到焊接位置，并锁紧定位，利用已经编好的机器人程序，机器人自动焊接 A 工位工件。同时 B 工位人工装件并气动夹紧后，按下"完工"按钮，B 工位变位机将工件及夹具移到焊接位置，并锁紧定位待焊，机器人焊完 A 工位工件，移到 B 工位焊接，同时 A 工位变位机沿移动滑轨将工件及夹具移到装卸件位置，人工卸件，并重复装件等动作，如图 5-17 所示（参见配套光盘视频-（5）水平回转变位焊接和（27）点焊机器人工作站）。

　　（3）焊接工艺

　　1）焊前准备。将冲压件放入侵蚀溶液中

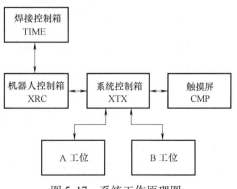

图 5-17　系统工作原理图

室温下侵蚀 2 ~ 10min，去除冲压件表面氧化膜，侵蚀溶液配方为 ω（H_2SO_4）为 5% ~ 10%、ω（HCl）为 2% ~ 10% 水溶液，加质量分数为 2% 的碘化亚钠（缓蚀剂），然后用清水漂洗干净烘干待焊。

2）点焊规范。经焊接工艺试验，获得点焊机器人焊接工艺参数，见表 5-5，按表 5-5 中所给参数焊接的多个试件，焊点经外观检验及力学性能试验、各项指标均满足设计要求。

表 5-5　焊接工艺参数、熔核直径及力学性能

板厚 δ/mm	电极直径 d/mm	焊接时间 $t/$周波	焊接电流 I/kA	熔核直径 d/mm	抗剪力 F/kN
2 +2	8	5	12.5	7	15

3）应用效果。

① 与传统焊接方式相比，具有简单易操作性，大幅提高了生产效率，降低了劳动强度。

② 焊接质量稳定，焊点成形美观。

2. 轿车前梁总成点焊机器人系统

轿车前梁总成点焊机器人系统工作站场地布置如图 5-18 所示。

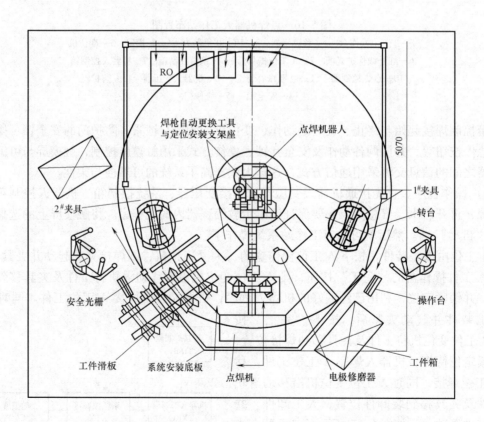

图 5-18　轿车前梁总成点焊机器人系统工作站场地布置

该系统强调柔性化，以适应不同产品的焊接，由一台标准的点焊机器人、两个采用机器人外部轴伺服驱动的回转工作平台、电极修磨器和冷却系统等周边装置组成，其柔性主要体现在以下几点：

1）给标准点焊机器人配备了快速交换插接器，通过快速交换插接器可实现机器人焊钳的快速自动更换，不但可满足复杂产品各个部位的焊点焊接，而且在更换产品时，只需要换合适的焊钳就可以了。

2）柔性的系统控制。该系统的主控制系统采用 PLC 为主控单元，配以远程 I/O 模块，实现对机器人、夹具、夹具工作平台及周边装置的控制。PLC 程序采用结构化方式编制，各个子程序分别对应于一个功能，对于不同工作，只需调用或修正不同子程序，不用重新编程。不同产品的焊接内容及夹具气缸的动作关系的设计和操作完成后，可以长时间储存，更换产品时可直接调用。操作控制采用触摸屏，不但减少大量复杂连线，同时可以为不同工件专门设计不同的操作及状态显示界面。

3）采用机器人外部轴伺服驱动的回转工作台，该平台除可以承受较大的径向和轴向力外，同时采用机器人外部轴伺服驱动和控制转台，从而使转台有较好的启停特性，并与机器人实现协调运动，可实现多工位焊接。在回转平台上装有远程模块，转台中心留有气路和电路出口专用快速接头和多芯插口，以便使夹具快速装拆（参见配套光盘视频-（20）外部轴变位点焊机器人工作站）。

5.3.3　柔性化焊接生产线

随着汽车市场竞争日益激烈，加快了汽车产品换型的步伐，缩短了换型周期，因此，如何既经济合理又快速可行地生产出更新换代的新产品，新车型是需要研究的实际重大课题。

汽车换型最主要的是改造焊接生产线。采用机器人可提高汽车焊接生产线的通用性，使多种车型能混线生产，改造量降至最小，是降低汽车换型投资成本的重要措施之一。

1. 各类汽车焊接生产线的作业特点比较

长期以来，汽车车身焊接生产线上的焊接设备主要有手工焊接设备、自动焊专机和焊接机器人三类，它们的作业特点和应用场合如下：

1）手工焊接设备主要是悬挂式点焊机、CO_2 半自动弧焊机，属于通用标准设备。通过人工操作点焊钳或焊枪完成焊接工作，因其独立性较强，便于安装、调整及维修，且价格低廉，所以在汽车生产发展的早期得到了广泛的应用。

2）自动焊专机包括多点焊机、台式自动焊机及各种焊接机机械手等，这些专机结构复杂、动作简单、程序基本固定、制造成本及维修费用高，只适用于某一种产品焊接、柔性程度及自动化程度低的焊接。因此，只有在单一品种、大批量生产的汽车焊接生产线上采用，以前一般年产量在 6 万辆以上的生产线较多采用各种自动焊专机，现在只有更大年产量、单一车型的生产线才予以考虑。

3）焊接机器人是机体独立、动作自由度多、程序变更灵活、自动化程度高、柔性程度极高的焊接设备，具有多用途功能、重复定位精度高、焊接质量高、一致性产量、抓取重量大、运动速度快、动作稳定可靠等特点。

2. 机器人是实现焊接生产线柔性化的关键

汽车车身是经过冲压、焊接、涂装和总装 4 个主要工艺过程生产出来的。在汽车换型改造时，涂装和总装生产线一般都具有良好的通用性，改造量较小，增加新车型冲压模具和焊接工装夹具虽必不可少，但汽车换型最主要的是改造焊接生产线。汽车换型需要生产厂商投入巨额资金，再降低汽车换型的投资成本的主要措施之一，是提高汽车焊接生产线柔性化程度，使其改造量降至最小。汽车焊接生产线柔性化就是在一条焊接生产线上能进行多种车型车身的焊接。

焊接生产由于与产品结构变化关系更密切，因此，汽车产品换型对焊接生产线的要求更多，焊接生产线需要更多的改变才能对新产品多样化具有更大的灵活适应能力，即汽车焊接生产线具有高度的柔性，才能满足车型产品更新换代的需要。

焊接生产线的任务是将冲压零件分别装焊成焊接合件，不同的车型产品需有不同的焊接生产线，即使是同类产品的不同型号的同类级别焊接总成，无论是在焊接生产线上的工装夹具，还是焊接设备，以至生产线工位数量及平面布置都有所差别。因此，为适应不同车型产品结构差异，需要焊接生产线必须具有高度的灵活性和柔性。

由此可见，任何改变产品结构或外形的产品换型，都意味着其原有焊接生产线的改变，如果原有生产线具有一定程度的柔性，通过局部改造，新产品完全可以在原焊接生产线上进行生产。如果原有生产线不具有柔性，不能混线生产新车型，那么，需要另外新建生产线，导致原有整条焊接生产线全部淘汰或闲置，造成资金的极大浪费。因此，焊接生产线具有柔性非常重要，它不但适应车身换型、变线的规模化生产，而且达到了提高生产效率和降低投资规模的目的。

柔性生产线系统一次重新调整所造成的劳动生产率总损失比专机自动线要小，因为个别的柔性生产系统重新调整结束后，可立即再投产。不需待整个柔性生产系统重新调整结束后再投产。因此，为了少投资、少量改造生产线，又能满足多种新产品的生产需要、迅速转产，汽车焊接生产线具有一定程度的柔性是十分必要的，如图 5-19 所示（参见配套光盘视频-(12) 机器人搬运及点焊协调作业）。

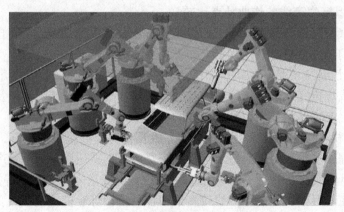

图 5-19　各功能的机器人协同作业

焊接生产线由焊接设备、焊接工装夹具及机械化运输系统和自动控制等部分组成，因此，生产线的整体柔性程度由各组成部分的柔性程度所决定，其中焊接设备的柔性是决定焊接生产线柔性程度的关键，焊接工装夹具的柔性是决定焊接生产线柔性程度的主要因素。

综上所述，焊接机器人是焊接设备柔性化的最佳选择，作为焊接生产线的重要组成部分，采用机器人焊接是生产线柔性程度的重要标志之一，是未来汽车生产的主要方向。

3. 焊接生产线上机器人的类型

满足车身装焊生产线要求的车身装焊机器人的类型有多种，专用直角坐标形式的机器人有 RH、RL 和 RS 三种类型，并具有 3 个自由度，由此可组合成各种不同的功能和性能，因而能够与各种车身装焊自动线结构进行匹配，使装焊生产线达到最佳设计，具有满足用户要求的优越性能。

RH 型为侧面焊接机器人，被固定在底板上，完成车身侧面的焊接；RL 型为底层机器人，具有传送设备功能，完成车底地部焊接；RS 型为顶面移动机器人，悬挂在生产线的顶部，用来进行车身的上部和内部焊接。

车身装焊生产线采用上述机器人，可使车身 80% 的焊点实现自动焊，而 60% 的焊点由点焊机器人来完成，故此类装焊生产线柔性程度高。

4. 焊接机器人的选用方法

由于车身各部位结构不同，需装备相应的机器人来进行焊接，焊接机器人在汽车车身自动装焊生产线上的选用方法，通常参照以下原则。

1）选择与自动生产线结构相匹配、最适合的机器人。

2）根据能保证接头焊点焊接质量和生产效率高的焊接工艺及末端轴承载力来选择不同的机器人。

3）选择操作范围和技术性能参数能满足工件施焊位置的机器人。

4）在满足生产规模、生产节拍、保证焊接质量前提下，工艺设计方案既要先进可行，又要经济合理，在关键部件、部位、关键工序位，按需选配机器人数量。

5）经比较后选用各种运动更自由、灵活，性能价格比更高的机器人。焊接机器人的选用方法见表 5-6（参见配套光盘视频-（13）高密度点焊机器人应用）。

表 5-6 焊接机器人的选用方法

机器人类型	装焊线名称	车身焊接部位	特 点
RH 型（侧面）	车身总成主线、侧围装焊线	完成车身侧面焊接，如侧围、车身总成	固定在底座（底板）上
RL 型（底层）	车身总成主线下部装焊线	完成车身底部的焊线，如底板总成	具有传送设备功能，可在车身下部移动，工件从前进方向的侧面送入，可避免设备之间的相互干涉
RS 型（顶部）	车身总成主线顶盖线	完成车身上部和内部的焊接，如顶盖前围、后围	机器人被悬挂在生产线的顶部，焊接工件自下向上进入
6 自由度机器人	车身总成主线各部件总成辅线	完成车身各部位的焊接	固定在装焊线侧面，柔性程度高

5. 点焊机器人的系统控制

点焊机器人控制系统多用于汽车生产厂焊装车间流水线上完成汽车地板、侧围、顶盖等整个车外壳的拼装焊接过程，其系统硬件主要由工业机器人、PLC、图示面板（触摸屏）、高速串行网络、现场总线、服务器等组成。

（1）服务器 整条流水线生产数据的管理系统包括日产量、当前产量、每个工位的车型信号等数据，然后传给 PLC。PLC 是控制的核心，它控制机器人的程序选择，包括不同车型的点焊程序、电极帽修磨程序和更换电极帽程序等。系统服务器数据总线将工位车型等信息传送至 PLC，PLC 再通过现场总线实现与机器人之间的信息交换，每个 PLC 可以控制 2～5 个工位不等。点焊控制系统框图如图 5-20 所示。

通过软件程序的编制实现对流水线上线体、夹具等的电气控制，PLC 又通过网络完成对

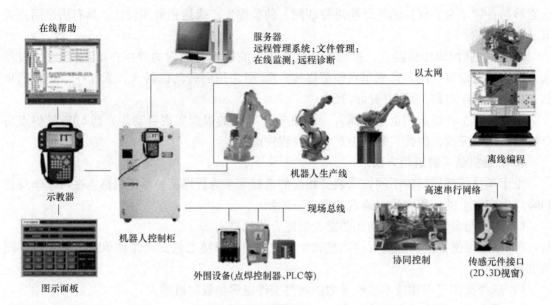

图 5-20　点焊控制系统框图

机器人的程序选择和信息交换。机器人控制器通过串行端口实现协同控制，操作人员可通过图示面板（触摸屏）操作不同的工位，检查不同工位的生产信息。

（2）通信网络系统　机器人点焊系统的通信网络分为三个层，即计算机层、控制器层和设备层。

1）计算机层。系统的计算机层通常是指服务器，它通过系统模块接入以太网，使用TCP/IP 协议获取生产的车体生产信息数据。

2）控制器层。系统的控制器层网络采用现场总线，通过功能模块接入下一级的串行网络，使若干个 PLC 之间能够传送信息，PLC 通过机器人控制柜和机器人之间实现网络通信。

3）设备层。系统的设备层主要通过图示面板（触摸屏）和示教器对机器人进行控制。

（3）柔性控制系统软件　该系统的软件主要分为两个部分，即 PLC 软件编制和触摸屏软件的编制。PLC 程序主要用来实现对传送带变频电动机的控制、工位夹具的电磁阀动作、控制机器人的点焊程序及生产数据的跟踪移动等。触摸屏主要是一个操作平台和监视平台，通过它可以实现运行模式的切换、机器人修磨参数设置、故障状态的实时报告、机器人焊接程序状态显示、机器人修模状态显示，各工位车型参数显示等功能。

1）PLC 调用机器人程序。通过 PLC 的程序来调用机器人的程序是 PLC 在机器人系统中特有的应用。机器人的 I/O（输入/输出）信号通过机器人程序来控制 ON/OFF（开/关）状态，由此可用来和 PLC 进行通信，通过 I/O 信号可以控制机器人调用程序、暂停程序、重启动程序、停止程序等。

2）触摸屏程序。触摸屏程序使用软件编制，整条线共有 10 台，分别监管不同的工位。例如，监视整条线的急停、光栅、工位原点等状态。此外，还可以实现手动、自动切换；监视机器人电源、示教、原点、工作完成、启动条件、是否焊接、有无故障等状态；生产数据的记数、显示和在条件允许的情况下手动更改生产数据；机器人修磨电极帽、修磨次数、修磨电极正反转时间和转动圈数、修磨电极停顿时间的参数设置；启动手动修磨程序，同时还可监控修磨状态；记录故障发生的时间和内容，为保证第一时间排除故障提供依据。

6. 柔性生产线的生产过程

比较简单的焊接机器人生产线是把多台工作站（单元）用工件输送线连接起来组成一条生产线，这种生产线仍然保持单站的特点，即每个站只能用选定的工件夹具及焊接机器人的程序来焊接预定的工件，在更改夹具及程序之前的一段时间内，这条线是不能焊其他工件的。

另一种是焊接柔性生产线。柔性线也是由多个站组成的，不同的是被焊工件都装卡在统一形式的托盘上，而托盘可以与线上任何一个站的变位机相配合并被自动卡紧，焊接机器人系统首先对托盘的编号或工件进行识别，自动调出焊接这种工件的程序进行焊接，这样每一个站无需作任何调整就可以焊接不同的工件。焊接柔性线一般有一个轨道子母车，子母车可以自动将点焊好的工件从存放工位取出，再送到有空位的焊接机器人工作站的变位机上，也可以从工作站上把焊好的工件取下，送到成品件流出位置，整个柔性焊接生产线由一台调度计算机控制。因此，只要白天装配好足够多的工件，并放到存放工位上，夜间就可以实现无人或少人生产了。汽车白车身柔性化焊线如图 5-21 所示。

图 5-21　汽车白车身柔性化焊线

工厂选用的自动化焊接生产形式，必须根据工厂的实际情况而定。焊接专机适合批量大、改型慢的产品，而且适用于工件的焊缝数量较少、较长，形状规矩（直线、圆形）的情况；焊接机器人系统一般适合中、小批量生产，被焊工件的焊缝可以短而多、形状较复杂；柔性焊接线特别适合产品品种多，每批数量又很少的情况。目前国外企业正在大力推广无（少）库存，按订单生产（JIT）的管理方式，在这种情况下采用柔性焊接线是比较合适的。

5.4　白车身机器人点焊数字化生产线

中国汽车产业的飞速发展，对汽车的产量、质量以及车型换代的时间都提出了越来越高的要求，在淘汰人工作业进行自动化生产线改造的过程中，引入工业机器人技术，将各种先进的数字化工具运用到白车身机器人点焊自动化生产线的设计及制造中，形成高自动化及高适应性的生产线，已成为整个汽车制造业的必然。

白车身机器人点焊生产线中数字化技术的应用，从前期规划到具体实施过程，利用数字化技术最大限度发挥机器人的优势，提高制造效率和产品质量，以期快速响应汽车市场的变化及需求。数字化机器人白车身点焊工作站如图 5-22 所示（参见配套光盘视频-(23) 点焊柔性生产 3D 动画）。

图 5-22　数字化机器人白车身点焊工作站

5.4.1　白车身机器人点焊生产线中的数字化需求

据统计，一辆轿车的白车身在焊装过程中要经历 3000 ~ 5000 个点焊步骤，用到 100 多个大型夹具，500 ~ 800 个定位器。从规划到具体实施，白车身点焊生产线是一个庞大而复杂的过程。

以往的白车身工艺规划是串行方法，有时生产加工之后或者调试时才能发现问题，造成人力、财力的浪费。需要采用数字化软件对项目各环节进行设计、管理和跟踪，使得各个工作环节有条件并行，有效缩短了项目周期；同时引入底层数据库技术，保证了资料的唯一性，解决了数据冗余的问题，避免了由此产生的设计和管理纰漏。

生产线柔性化成为发展趋势，生产线需要满足多车型混线生产，这就对传统机器人示教方式提出了挑战，车型的增加使示教工作量随之增加，而主机厂对效率的追求又希望在保证程序精度的条件下，尽可能减少现场示教时间。同时，车型不断更新换代，也要求缩短现场调试和试运行的时间，这就对生产过程的数字化仿真提出了需求。

此外，随着点焊生产线自动化程度的增加，一些新设备投入使用，对新设备可行性的验证没有规律可循，利用数字化方法检验既可保证可用性，又能节约成本。安川电机生产的白车身自动定位支撑装置具有双向 3 自由度，能够满足自动适应不同平台车型定位支撑的要求。如图 5-23 所示为仿真软件中，对适用于不同的车型进行选型与确认（参见配套光盘视频-(25) 三维模拟汽车焊装线）。

5.4.2　数字化技术的应用实施步骤

1. 前期方案阶段

从厂家得到车型和工装夹具三维数模、焊点信息和生产节拍等资料后，将需要的资料导入数字化工厂中的 Process Desinger 软件，可以进行工艺流程设计、作业时间分析、生产线、

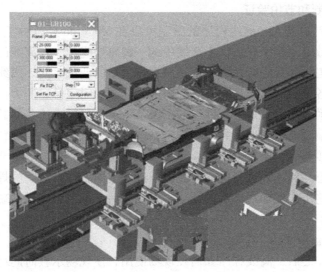

图 5-23　数字化在机器人白车身点焊生产线中的应用

单元平面和立体布局等操作。初步确定机器人数量和型号，是否有行走机构等前期方案。

2. 工艺规划和焊钳选型

初步分析工艺文件之后，将焊点分配给各个工作站内的机器人，再根据每个站内机器人对应焊点位置，对焊钳进行选型。工艺规划和焊钳选型都是复杂而细致的工作，通常需要不断修改和反复，这样的工作特别适合用数字化的方法进行。根据焊点和工件的位置关系，使用 MotosimEG 软件或 ROBCAD 软件，在仿真环境中从焊钳数据库中选取一把适合的焊钳，然后再针对每一个焊点进行焊钳可行性验证。之后对焊钳提出修改意见，确认焊钳的最终形式。对于一些特殊工位，一台机器人需要有 2～3 把焊钳，在工作过程中进行更换焊钳，才能完成工艺规划中的焊接任务。点焊机器人系统构想图如图 5-24 所示。

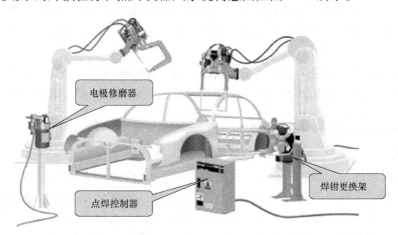

图 5-24　点焊机器人系统构想图

焊钳选型工作也是对工艺规划的一个验证，如果焊钳形状无论怎么修改也不能满足工艺分配的所有焊点，就需要更改工艺文件，进行站内机器人之间或工作站之间的焊点转移。这样在仿真环境中不断验证，通过数字化方法得到工艺文件可以达到全局最优化的目的。

3. 离线程序编制和节拍验证

对于 MOTOMAN 机器人，离线程序的编制可以在 MotosimEG 软件或者 ROBCAD 软件中进行。离线编程是数字化技术在点焊生产线中的一种重要应用。在离线的状态下生成机器人程序，可以与现场工作并行进行，而不用占用现场大量的调试时间。离线程序可以直接生成点焊命令和点焊的各个参数，包括间隙文件序号、伺服焊钳序号、压力条件文件序号、焊接条件序号、焊机启动时序以及焊接条件组输出，节省了现场输入这些参数的时间。

离线编程具有很强的规划性，尤其对一个站内有多台机器人的情况特别适用。可以在离线的环境中安排焊接路线，设置干涉区，检查节拍是否满足要求。如果节拍不满足，再进一步对机器人动作姿态、路径等进行优化，还可以进行不同工作站之间的焊点转移，平衡整个生产线的节拍。这些工作提前在仿真的环境中完成之后，不仅可以提高现场的效率还可以保障示教人员的安全。

4. 现场程序误差补偿

完成了前期工作之后，离线程序如何在现场使用，使现场示教时间尽可能缩短，是提高示教效率、缩短项目周期的一个重点。由于现场安装位置和布置图中的理论位置相比总会有误差，离线程序不能直接使用。这就需要对离线程序进行校准。安川公司针对 MOTOMAN 机器人，专门开发了一款软件 MOTOCALV32，可以进行工件安装位置的校准。除此之外，还可以进行机器人、工具尖端点等的校准。

综上所述，在机器人白车身点焊自动化生产线项目的设计和制造过程中，以数字化规划、设计及仿真等软件为主体，可以有效缩短项目周期、压缩项目成本。从根本上满足汽车生产的多品种、多批量的柔性生产需要，提高白车身点焊作业生产效率和质量。

5.5　点焊机器人和弧焊机器人协同作业在汽车生产中的应用

点焊机器人和弧焊机器人应用于汽车生产中，两台机器人之间的协同作业即提高了生产效率又优化了生产节拍，干涉区的界定实现了机器人之间的互锁，提高了生产中的安全性和可靠性。

为了提高生产效率和优化工作节拍，点焊机器人和弧焊机器人协同作业应用于汽车单工位侧围车门焊接协调作业发挥了效能（参见配套光盘视频-(31) 汽车侧围及顶盖焊装线）。

5.5.1　工艺介绍及控制工作原理

1. 工艺介绍

为了提高工作效率，焊装一车间工位要求点焊、弧焊机器人同时对侧前门或侧后门同时焊接。点焊机器人主要对侧门内侧的 17 个点进行焊接，如图 5-25 所示。而弧焊机器人则是负责上下两个门铰链的焊接，如图 5-26 所示，要求点焊、弧焊机器人同时工作。点焊和弧焊两个机器人的工作过程都由外部 PLC 控制（参见配套光盘视频-(6) 车门点焊和-(26－1)双机器人弧焊作业）。

2. 控制工作原理

点焊机器人、弧焊机器人、夹具和夹具导轨系统都由外部 PLC 控制，人机触摸屏界面主要用来设置参数和监控系统运行状态，在整个系统正常运行下只对按钮站进行操作。

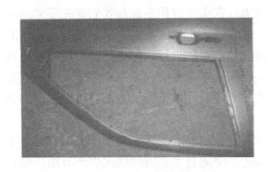

图 5-25　点焊位置

图 5-26　弧焊位置

点焊机器人和弧焊机器人有各自独立的电气控制单元，整个系统由 PLC 作为控制单元，由 PLC 来控制机器人、夹具和导轨之间的相互动作，如图 5-27 所示。

人工上完件后，按下"导轨前进"按钮，导轨运动到位后，夹具将导轨锁紧，这时夹具给 PLC 一个到位信号和车型信号，此时 PLC 判断点焊机器人、弧焊机器人是否在 Home 点、是否满足安全条件，如果一切条件满足，点焊机器人、弧焊机器人就开始识别 PLC 发过来的车型信号并调用相应的焊接程序，开始焊接。当两个机器人焊接完成，各自回到自己的 Home 点，此时点焊机器人、弧焊机器人各自给 PLC 发出一个焊接完成信号，PLC 收到两个完成信号后，锁紧导轨的夹具打开，导轨自动运行到初始位置，夹紧车门夹具打开，可以安全下件，整个焊接过程完成，等待下一个循环。为了生产安全，在上工件处安装光幕，及进入机器人围栏处安装安全门，一旦有人进入了危险区，PLC 检测有输入信号，触发两个机器人，使两个机器人立刻停止运行。如果需要让机器人恢复运行，只要障碍物退出危险区，按下按钮站上的"恢复运行"按钮，两个机器人接着运行未运行完的程序（参见配套光盘视频-(7) 车门焊接生产线）。

5.5.2　干涉区的界定

将点焊机器人、弧焊机器人同时运用在

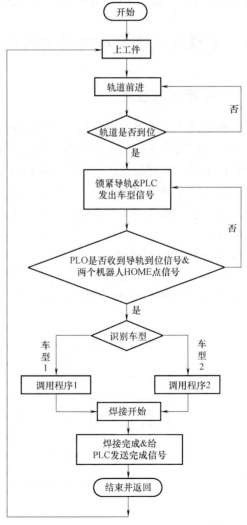

图 5-27　焊接过程流程图

一个工位中最大的难题就是安全问题，由于两个机器人同时在一个工件上焊接，各自的工作空间非常狭小，一不小心两个机器人就可能发生碰撞，在生产过程中这是我们首先要考虑的问题。考虑到安全性干涉区的界定是必不可少的。在传统的干涉区界定中，大部分是利用时间的先后顺序来解决的，在某个运动完成后才允许其他的运动进行，这样解决干涉问题虽然比较可靠但是浪费了很多时间，影响了生产效率，特别是在庞大的汽车工业焊装线中，甚至会严重影响生产节拍。在本系统中，将这些空间上的干涉问题用干涉区来描述根据工位的情况，划分了4块干涉区，即干涉区1～干涉区4。

要求每个干涉区每次最多只允许一个机器人进入，在划分干涉区时，考虑安全的前提下尽量将干涉区的面积最小，这样可以保障机器人的运动空间更大，以致优化生产节拍。机器人对干涉区的请求都是通过PLC来控制的。

在汽车侧门的焊接生产过程中，表现了良好的稳定性能和安全性能。焊点和焊缝都达到了工艺质量要求。通过对干涉区的设定，很好地解决了两个机器人运动之间的干涉问题，很大程度上提升了机器人的运动灵活性，即提高了安全性，又优化了生产节拍。

5.6　中频点焊技术及焊接控制系统

5.6.1　中频点焊技术

传统的点焊采用工频电源或二次侧整流电源，随着汽车工业的发展，对车身焊接的质量、生产效率等方面要求越来越高，尤其是车身新材料，如：高强度钢板、热成形钢板、镀层钢板的采用，对焊接技术和焊接设备提出了新的要求。同时，汽车价格竞争日益激烈，除了通过设计降低成本之外，对生产加工工艺也提出了降低成本的要求。机器人中频焊接技术的发展和应用，在提高车身质量、生产效率、节约制造成本、改善焊接工作环境等方面发挥了重要作用。

1. 中频焊接控制原理

目前，中频焊接使用的频率分为工频和中频，工频就是常见的电源频率50Hz，中频是指工频经过脉宽调制PWM逆变之后的800～1000Hz，其控制原理如图5-28所示。

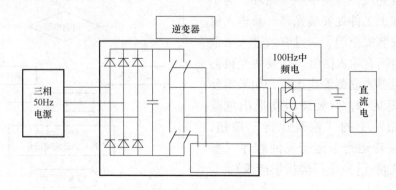

图 5-28　中频焊接控制原理

由于中频焊接输出是直流电，其二次电压和二次电流对电网冲击很小。

2. 中频焊接在生产中的优点

（1）经济效益好　中频焊接采用三相输入，功率因数高达 0.9 以上且节能。此前，汽车制造厂95% 是交流点焊机，由于交流点焊机与电力网接通依靠晶闸管导通，因此存在空白区，热量不集中且焊接质量不稳定。而中频点焊机三相负载平衡、输入低，没有电网过渡过程，功率因数高并且节约电能。在轿车白车身焊接中，如果使用 160kV·A 交流悬挂式点焊机，更换为中频点焊钳只需 70kV·A。

（2）焊接质量高　由于中频焊接的焊接电流小，电极发热量小，所以延长了电极使用时间，焊接条件范围扩大。由于频率高达 1000Hz，二次电流输出能力强，波形平直，熔核尺寸稳定范围扩大。几乎不产生飞溅，焊接初级阶段电流呈自然递增，焊点表面质量好。在单相交流焊机点焊 100 个焊点情况下，单相整流焊机为 130 个焊点，中频点焊机为 240 个焊点；同样对镀层钢板，单相交流焊机为 110 焊点，中频点焊机为 355 个焊点。因此，中频点焊机稳定的焊接范围较大。车身焊接过程中，为保证焊核直径为 5mm 时，焊接电流为计算电流的 1.5 倍。0.7mm 镀层钢板单相交流焊机焊接电流为 $8.7kA \times 1.5 = 13kA$，在标准焊接电流条件下产生飞溅；而中频点焊机焊接电流为 $5.6kA \times 1.5 = 8.4kA$，按此设置的焊接电流可达到无飞溅。

（3）焊接回路小型轻量化　中频点焊机器人系统焊钳和整流焊接变压器一体化，中频整流焊接变压器的质量为单相交流式的 $1/5 \sim 1/3$，而焊钳质量减小 $1/3 \sim 1/2$。大型汽车车身外壳焊装线如图 5-29 所示。

图 5-29　大型汽车车身外壳焊装线

（4）适合焊接异种金属　中频点焊的焊接电流波形可以设置。直流极性效果和良好的热效率比交流点焊高，且可以用低电流焊接，两者点焊的焊核温度对比如图 5-30 所示。因此，中频点焊有焊接钢、带镀层钢板、不锈钢、铝及对不同导热材料进行组合焊接的特性，例如：铝和钢的点焊。

（5）响应速度快　焊接规范响应速度为 1ms，电流能够更快地达到设定值，能更多、更准确地分析参数。

5.6.2　中频逆变焊接控制系统

以 Robot Bosch 公司生产的 Bosch PST6100.100L1 型焊接控制器为例，介绍机器人控制系统与焊接控制器系统连接的工作原理、实现方法及焊接参数设定，以及焊接控制器与点焊机器人工作信号连接为输入/输出点连接的特点。

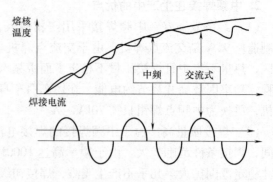

图 5-30　交流和中频点焊焊接熔核温度对比

1. 点焊机器人及焊接控制系统简介

以 KUKA IR761/125/150.0 型点焊机器人系统为例，它是由机器人本体、机器人控制柜、焊接控制系统及附件装置等部件组成的。机器人本体是 6 轴工业机器人，额定载荷 125kg，由无刷交流伺服电动机进行驱动，重复精度小于 ±0.3mm，最大工作空间约 41m³，适应于点到点的焊接作业，机器人控制柜主要由 CPU 系统、逻辑模块、电源模块、伺服电机驱动模块、接口板、I/O 板、示教器、控制柜面板及附件装置等组成，用以控制机器人各部件的工作，实现机器人的动作姿态，以及与上位机控制系统、焊接系统的通信联络等，从而实现机器人的焊接作业。

机器人焊接系统由焊接控制柜、焊接变压器、焊钳及附属装置等组成，其焊接控制器能适应点焊作业，可设定 64 种焊接规范，每一种焊接规范可设定 11 个焊接时序，可实现独立控制或远程控制，可用于人工点焊、机器人焊接、多点焊机等设备。

焊接控制器的外部电气连接信号主要分为三个部分。

（1）与机器人控制柜之间的电气连接　主要有控制器准备好、焊接程序号、启动、工作循环结束、电极修磨请求、电极修磨完成、急停等信号，用以实现焊接控制器的程序调用、焊接电流的适时输出及焊钳电极修磨的控制等功能。

（2）与焊接线 PLC 控制柜的电气连接　主要有焊接控制器故障、故障复位、焊接点数预警、最大焊点数列、带/不带焊接电流等控制。

（3）与焊接系统外围装置的电气连接　主要有空气比例阀、焊钳二次电流反馈等信号，用以控制外围装置的适时动作及信号返回。

焊接控制器的焊接编程采用编程软件进行焊接参数的设定。

点焊机器人系统工作的过程为：机器人接收下一台车的车型号，调用相应的机器人工作程序；焊接线运行到位，定位夹具夹紧；机器人从原点启动，移动到焊点位置，调用相应焊接程序号；焊接控制器启动；焊钳气阀动作，按焊接时序输出焊接电流，焊钳打开，发出焊接结束信号；机器人移动到下一个焊点位置，再次启动焊接过程；直到所有焊点焊接完成，机器人回到原位，发出本次工作循环结束信号。

2. Bosch 焊接控制器与焊接机器人的连接

焊接控制器集成有焊接控制单元和电源控制单元，适用于点焊、保护焊、重复焊及缝焊等焊接作业。通过配置不同型号的焊接控制单元、电源控制单元、I/O 端子排、冷却系统等装置，焊接控制器可适用于不同的焊接变压器，也可应用于不同的 PLC 系统和机器人单元。

（1）Bosch 焊接控制器的选型　例如：现场焊接线上 KUKA IR761/125 点焊机器人一体化焊钳配置的焊接变压器为 ARO 72500 型，其主要参数见表 5-7。

表 5-7　焊接变压器的主要参数

U_{IN}	400V	F_{re}	50Hz
S_p	43kV·A	S_{SO}	60kV·A
U_{20}	8V	I_{2P}	5.4A

根据焊接变压器的参数，其输入一次电压为 380V、频率为 50Hz、最大使用功率为 60 kV·A，由此选定 Bosch PST6100.100L1 型焊接控制器作为焊接变压器的焊接控制单元。Bosch PST6100.100L1 焊接控制器的主要参数见表 5-8。

表 5-8　焊接控制器的主要参数

类　　　型	2 相电源输入、晶闸管电源单元控制、模块化设计
驱动功率	最大 76KVA
输入电源	400V（1−20%）~600V（1+10%）AC,50/60Hz（现场电源为交流 380V,50Hz）
额定电流	110A,最大持续电流 130A
占空比	最大允许 50%
控制电压	24VDC
信号连接	I/O 端子信号
冷却方式	风冷

（2）机器人焊接控制系统组成　机器人焊接控制系统主要由焊接线 PLC、KUKA IR761/125/150.0 型点焊机器人、Bosch PST6100.100L1 型焊接控制器、焊接变压器、焊钳及附属装置组成，如图 5-31 所示。

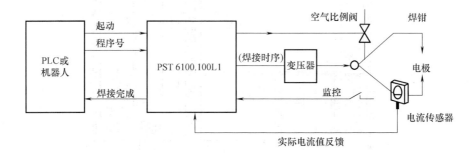

图 5-31　点焊机器人焊接控制系统组成

机器人焊接控制系统进行一次焊接的主要工作过程为：

1）机器人到焊点位置后，焊钳闭合。

2）调用相应焊接程序号，发出焊接启动信号给 PST 焊接控制器。

3）焊接控制器启动，焊钳空气比例阀动作，焊钳打压加压。

4）按设定的焊接时序输出焊接电流，进行焊接作业。

5）焊接完成时，输出焊接正常或故障信号。

6）发出焊接结束信号；

7）焊钳打开，机器人移动到下一个焊点位置，再次启动焊接过程。

（3）博世焊接控制器外部连线　Bosch PST6100.100L1 型焊接控制器前面板及主要构成如图 5-32 所示。

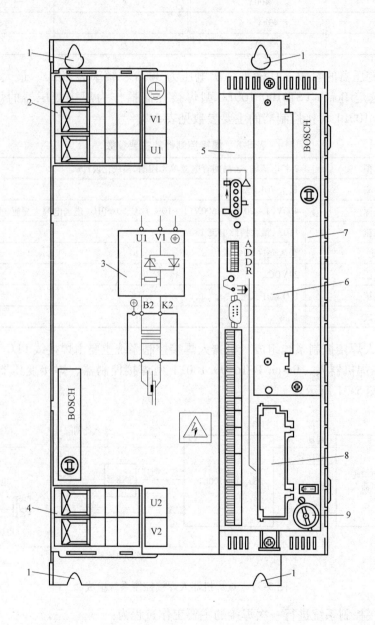

图 5-32　焊接控制器前面板及其主要构成

1—M6 螺钉固定孔　2—AC380V 主电源连接端子　3—晶闸管电控单元　4—焊接变压器连接

5—集成焊接控制器　6—I/O 接口槽　7—改进品质的模块槽　8—编程接口　9—电池盒

焊接控制器与点焊机器人及外围设施的电气连线如图 5-33 所示。

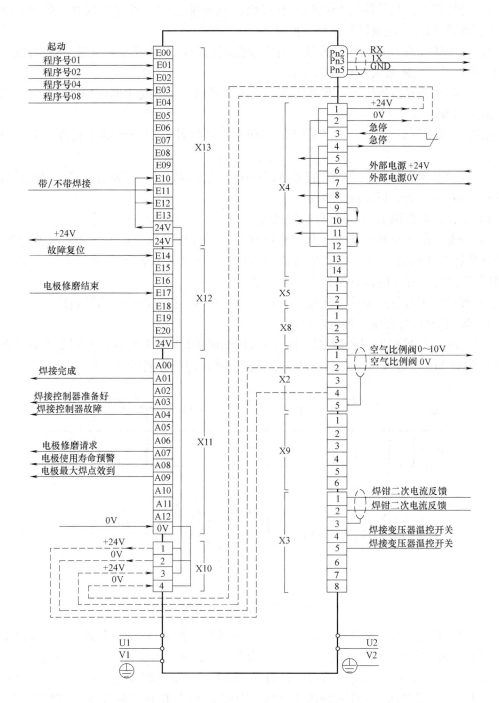

图 5-33　焊接控制器与点焊机器人及外围设施的电气连线

Bosch PST6100.100L1 型焊接控制器与点焊机器人及外围设施的电气连线主要分为以下几个部分。

1）与主电源连接：交流 380V 电压输入 U1、V1，电压输出 U2、V2。与 PC 编程连接：

RS232 串口通信 RX-TX。

2）与机器人控制系统信号连接：有焊接控制器准备好、程序号选择、启动、焊接完成、电极修磨请求、电极修磨结束等信号。

3）与焊接线 PLC 系统信号连接：有焊接控制器故障、故障复位、带/不带焊接、电极使用寿命预警、电极最大焊点数列等信号。

4）与附属装置信号连接：有外部 24V 直流电源输入、空气比例阀控制、急停、焊钳二次电流反馈等信号。

依据现场实际情况，Bosch PST6100.100L1 型焊接控制器的外部连线有以下几点需要注意：

1）焊接控制器采用外部 24V 直流电源供电，其外部电源、机器人、PLC 系统的控制电源的 0V 连接在一起，以实现等电位。

2）机器人可调用 16 个焊接程序号规范。

3）为保证焊接控制器正常工作，根据现场实际进行以下连接：焊接控制器的 X3/E10 端子（监控焊钳闭合到位）接高电位；X13/E12 端子（焊接使能）接高电位；X2/4 端子（焊钳闭合到位，加压时间开始计时）接高电位。

4）焊接变压器温控开关信号输入到 PLC 中，在焊接控制器中此信号短接。

5）焊钳闭合/打开由机器人控制。

（4）Bosch 焊接控制器的焊接控制　Bosch PST6100.100L1 型焊接控制器的焊接时序控制如图 5-34 所示，主要分为加压、通电、保持、停止四个时间阶段。

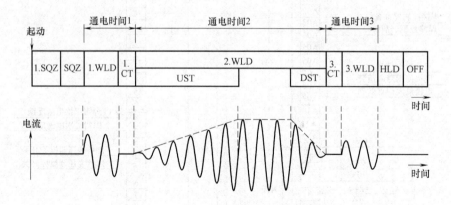

图 5-34　焊接控制器的焊接时序控制

1）加压阶段：空气电磁阀动作，焊钳加压闭合，没有焊接电流输出。收到启动信号后，控制器立即执行。1. SQZ 为焊钳预加压闭合时间；SQZ 为电极加压夹紧时间。

2）通电时间：有焊接电流输出，分为三个过程，即通电时间 1（包括 1. WLD 通电预热时间和 1. CT 冷却时间）、通电时间 2（包括 UST 通电上升时间和 2. WLD 通电焊接时间、DST 通电下降时间）和通电时间 3（包括 3. CT 冷却时间和 3. WLD 后加热时间）。

3）保持阶段：是指在焊接通电结束后固定工作，在保持时间结束时空气电磁阀动作，焊钳打开，并同时输出焊接结束信号。

4）停止时间 OFF：是指在重复焊接模式下设定启动下次焊接过程的中间停止时间段。

　　Bosch PST6100.100L1 型焊接控制器的参数由 BOS 6000 编程软件进行设置。经过现场调试，在 BOS 6000 焊接控制参数中，设置的主要参数见表 5-9。

表 5-9　焊接控制的主要参数

变压器匝数比	50	加压力范围	0～10kN
作用力变换	1.00　kN/V	最大加压力	10kN
序列程序			
点计数	单个	压力测量值	1
基本压力	3.00	电流测量值	1
焊钳与预加压闭合时间	0	电极加压夹紧时间	30 周波
预热时间	0	校准模式	恒流模式
焊接时间	15 周波	焊接电流	9.00kA
变压力设置	恒压	参考电流	9.00kA
回火时间	0	保持时间	15 周波

　　因此，正确地选择焊接控制器，可以有效降低设备维修费用，提高设备运行可靠性，提升设备综合效率，从而更好地保证生产顺利进行。

5.7　伺服焊钳及应用

5.7.1　伺服焊钳的特点

　　伺服焊钳对于汽车车身装配生产线来说相对较新，近年各大汽车公司都已将伺服焊枪应用到汽车车身装配生产线上。实际应用表明，伺服焊枪有着传统气动焊机所无法具有的优点，是未来汽车装配生产线上主要的点焊连接设备。

　　1. 伺服焊枪的新技术特性

　　近年来由交流伺服电动机驱动的 C 型或 X 型伺服焊枪搭载在可以移动的 7 轴机器人上进行车身薄板连接的点焊设备正在增多。相比较气动焊枪，针对点焊过程的四个阶段，即预压、焊接、保持和休止，伺服焊枪的最大特点是以伺服装置代替气动装置，按照预先编制程序，由伺服控制器发出指令，控制伺服电动机按照既定速度、位移进给，形成对电极位移与速度的精确控制，脉冲数量与频率决定电极位移与速度，电动机转矩决定电极压力。

　　2. 伺服点焊机器人系统

　　为更快、更高的焊接质量并满足性能要求，可采用新型中频点焊伺服焊钳控制技术。此系统可满足高强/超高强度和多层板材的焊接，以适应汽车轻量化与车身防撞安全不断提高的要求。伺服点焊机器人系统包括机器人本体、机器人控制器、中频点焊控制器、自动电极修磨机和伺服点焊钳等。

　　伺服点焊钳具有增强诊断及监控、简化焊钳设计、提高柔性、降低维修率、提高运行时间及减少生产成本（耗气、备件、省电）等特点，将是未来汽车生产线上应用的主要设备。中频点焊的质量和效率均远高于工频焊接，主要表现在以下几个方面：

　　（1）减少生产节拍　机器人与焊钳同步协调运动，大大提高了生产节拍，使焊点间及障碍物的跳转路径最小化；可随意缩短电极开口减小关闭焊钳时间；焊接开始信号发出后可更快、更好地控制加压；更快地更改焊接压力，其压力调节速度可达 200kgf/周波（98N/ms）；能够很好地避免和抑制飞溅，有效保证和提高焊接质量；焊接完成信号发出后可更快打开焊钳；减少电极更换及修磨时间；换钳更换、电极修磨机更换后快速标定。

（2）提高焊接质量　软接触可实现极少的产品冲击，还可以减少噪声；高精度的可重复性加压；焊接中精确恒压控制；焊接过程中压力可实现调整；更稳定的电极管理及控制等。

相对气动焊钳，伺服焊钳的渐进和预压过程是影响焊接效率的两个关键阶段。可编程电极行程和速度可以缩短同一工位上多个焊点的渐进时间，也可以提高焊接生产效率。以预压为例进行分析，气动焊钳和伺服焊钳在焊接过程中电极力的变化，假定达到设定预压力，电极力将保持恒定。伺服焊钳焊接的一个焊点可节省 0.44s（见表 5-10），以一台轿车 3500 ~ 5000 个焊点为例，将节省 26 ~ 37min 的焊接时间，生产率得到极大提高，车身焊装线的生产能力大大提升。

由于伺服焊枪由伺服电动机驱动，可以对焊接过程进行精确控制，同时，伺服焊枪利用伺服电动机驱动加压轴，因而可以协调控制好焊枪的移动轴，实现有效的焊点间移动，气动焊枪无法实现的焊接位置现都可以由伺服焊枪来实现。

1）精确控制电极运动速率。气动焊枪的电极运动靠气缸来控制，这使电极运动速率很难精确控制，电极运动的高速率，会造成电极与工件接触时的冲击很大，致使电极力会发生短时间的振荡，从而影响电极使用寿命。而对于伺服焊枪，电极的运动由伺服电动机控制，能够很好地控制电极运动速率，使电极与工件接触时的冲击很小，从而提高电极使用寿命。在电极力达到稳定之前，伺服焊枪在电极接触过程中电极力没有明显的振荡现象，电极运动得到了很好的控制。

2）提高点焊生产率。气动焊钳和伺服焊钳在焊接过程中电极力的变化，假定达到设定预压力，电极力将保持恒定。如果气动焊钳的预压时间为 30 个周波（0.6s），而伺服焊枪则只用 8 个周波（0.16s）预压时间就达到了设定压力。对比来看，伺服焊钳完成一个焊点所用的焊接时间为 43 个周波（0.86s），气动焊钳则需 65 个周波（1.3s）。也就是说，用伺服焊钳完成一个焊点要节省 0.44s 的焊接时间，见表 5-10。

表 5-10　气动焊钳和伺服焊钳的预压时间对比

焊钳类别	预压时间	焊接时间
气动焊钳	30 周波(0.6s)	65 周波(1.30s)
伺服焊钳	8 周波(0.16s)	43 周波(0.86s)

相对于一台轿车的几千个焊点，每个焊点节省 0.44s 的焊接时间对装配过程生产效率的提高非常重要，轿车车身装配线的生产能力就可以大大提高。另外，可编程电极行程和速度也可以缩短同一工位上多个焊点的预压持续时间，这也可以提高焊接生产效率。

3）可获得不同的锻压力。焊接过程的可控性要归功于伺服电动机及其控制技术。由于可以很容易地改变电极压力，所以能够根据工艺要求改变焊接过程中的锻压力。

4）可获得电极力和电极位移。伺服电动机的转矩和速度作为电动机控制器的输出量，其变化量可以容易地转变为电极力和电极位置的变化，并且使电极力和电极位移信号的在线实时监控变得可行，电极位置、在线失效探测和电极补偿的准确测量也比气动焊机更容易。

伺服电动机技术给点焊机和焊接过程带来新的技术特性，主要是由伺服电动机和相应控制技术的固有特性所决定的。伺服焊枪和常规的气动焊枪之间的主要差别在于，它们的输入量和相应的控制模型，对于气动焊机是恒定气压，而对于伺服焊枪则是恒定转矩。从控制方式来看，气动焊机是开环控制，伺服焊枪则是具有反馈的闭环控制。相应地，伺服焊枪电极力和电极位移就可以得到更加精确的控制。这些新的技术特点和功能可以使焊接过程更易控制，焊机更易操作，并可提高焊点质量。

5）改善作业环境。由于电极对工件是软接触，可以减轻冲击噪声，也不会出现启动焊钳时所产生的排气噪声，改善了现场的作业环境。

5.7.2　伺服焊钳的构成及技术参数

1. 伺服焊钳系统的构成

伺服焊钳是指用伺服电动机驱动的点焊钳，是利用伺服电动机替代压缩空气作为动力源的一种新型焊钳。焊钳的张开和闭合由伺服电动机驱动，脉冲码盘反馈。伺服焊钳的主要功能是其张开度可以根据实际需要任意选定并预置，而且电极间的压紧力也可以无级调节，能进一步提高焊点质量的、性能较高的机器人焊钳。伺服焊钳系统构成如图 5-35 所示。

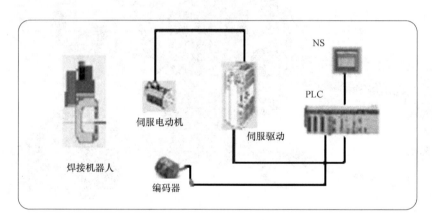

图 5-35　伺服焊钳系统的构成

2. 伺服焊钳的基本构成

伺服焊钳的基本构成如图 5-36 所示。

伺服焊钳的构成部件及名称见表 5-11。

表 5-11　伺服焊钳的构成部件及名称

焊钳类型	功能部位		零件	
	一次侧	二次侧	序号	名称
机器人伺服焊钳	加压驱动部分	转矩发生机构	1	伺服电机
		加压力转换机构	2	齿状传动带
			3	带轮
			4	滚珠螺杆

（续）

焊钳类型	功能部位		零件	
	一次侧	二次侧	序号	名称
机器人伺服焊钳	加压驱动部分	加压力传动机构	5	活塞杆
			6	前侧直动轴承
			7	后侧直动轴承
	二次供电部分	电流输出部分	8	焊接变压器
		供电接口	9	软连接
			10	端子
	机器人安装部分		11	焊钳托架
	冷却水回水部分		12	水冷分水器
		位置反馈部分	13	绝对编码器

图 5-36　伺服焊钳的基本构成

3. 伺服焊钳的技术参数

（1）C 型焊钳技术参数（见表 5-12）

表 5-12　C 型焊钳技术参数

	加压力范围	最大电极行程/mm	最大电极速度
行程	1470N（150kgf）~ 4410N（450kgf）	130	520mm/s（电动机旋转数 3000r/min 时）
		160	
		210	
		310	
		410	

（2）X 型焊钳技术参数（见表 5-13）

表 5-13　X 型焊钳技术参数

	喉深		加压力范围	最大电极行程/mm	最大电极速度
	H_1	H_2			
	70	70	1470N（150kgf）~ *14413N（450kgf）	68mm×A/B	162.5mm/s×A/B（电动机旋转数3000r/min 时）
	90	90			
	120	120			
	150	150			
	180	180			

一般与机器人配套使用的点焊钳伺服电动机，作为机器人的第 7 轴，其动作由机器人控制柜直接控制。针对点焊过程的四个阶段，即预压、焊接、保持和休止，伺服焊钳点焊编程操作的 5 个阶段，如图 5-37 所示。

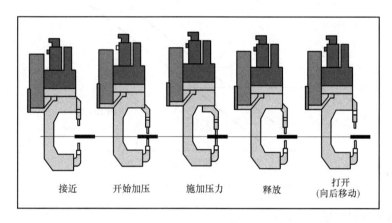

接近　　开始加压　　施加压力　　释放　　打开（向后移动）

图 5-37　伺服焊钳点焊编程操作的 5 个阶段

5.7.3　伺服焊钳的辅助功能

对应于伺服焊钳的特点，机器人有很多辅助功能，对机器人的焊接质量、工作效率及示教工作的方便性都有很大的进步。

1. 间隙示教

（1）目的　分别设定上电极和下电极的间隙值，在打点位置进行示教并登录，上下电极分别按间隙值自动偏移并自动登录位置点，这样每示教一个焊点就可以少示教两个点，示教起来简单方便。

（2）功能　分别按设定的间隙偏移后自动登录位置，从而实现位置的登录，如图 5-38 所示。

2. 根据焊钳姿态加压补偿功能

（1）目的　根据焊接时焊钳的姿态对加压力的变化实现补偿，可以在稳定的加压力条件下进行点焊。

（2）功能　先测定向上加压与向下加压时的压力差，再计算出与重力方向相反的焊钳

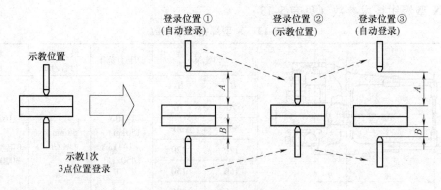

图 5-38　自动登录位置

焊接姿态时的加压力差，自动补偿焊钳电动机的转矩，如图 5-39 所示。

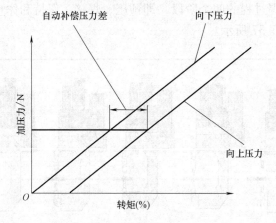

图 5-39　自动补偿焊钳电动机的转矩

3. 电极粘着检出功能

（1）目的　电极与工件发生粘着时，假如没有"电极粘着检出功能"，可能会造成焊钳电极或工件的损坏，如图 5-40 所示。

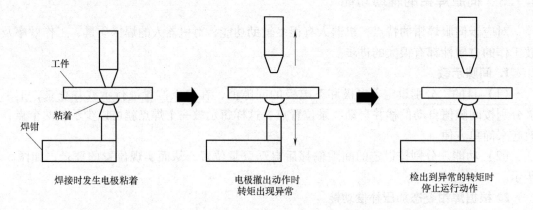

图 5-40　电极粘着检出功能

（2）功能机器人或焊钳动作过程中出现电动机转矩异常时，就会立即停止。

4. 接触动作控制功能（柔和接触）

（1）目的　降低焊钳与工件的接触噪声。

（2）功能　通过调整接触压力和接触速度，从而降低焊钳与工件接触时的噪声，如图5-41所示。

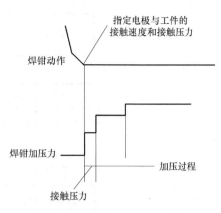

图 5-41　接触动作控制功能

5.7.4　伺服焊钳的智能化配置

1. 加压力反馈控制

1）在伺服焊枪上增设加压力感知，将传统的电流换算控制改变为压力的直接控制，如图5-42所示。

2）由于实现了理想压力的控制，从而实现了高品质的点焊。

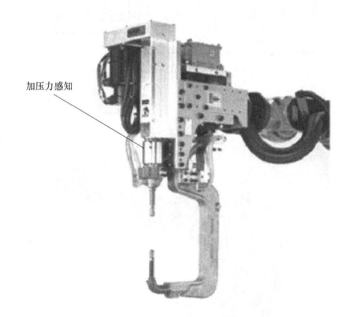

图 5-42　智能化伺服焊枪

2. 加压力参数存储调用

1）工作中实际压力数据的存储。

2）所有焊点的焊接条件参数记录，均可作为产品的数据库灵活调用。智能化伺服点焊钳控制系统如图5-43所示。

5.7.5　伺服焊钳的生产应用

1. 工具坐标的设定

焊钳工具坐标的设定如图5-44所示，工具坐标的旋转应与焊钳吻合，应在标准轴周围旋转（设定 Rx、Ry、Rz）并登录在"工具文件设定表"中。

2. 伺服焊钳示教的登录与设定

1）示教状态按下【外部轴切换】，按下【S+】或【S-】，焊钳进行打开和关闭。

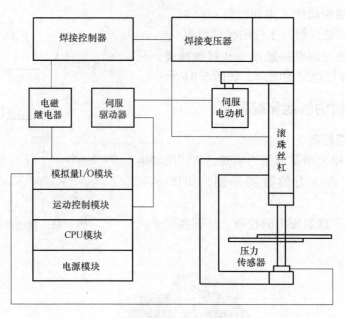

图 5-43　伺服点焊钳控制系统

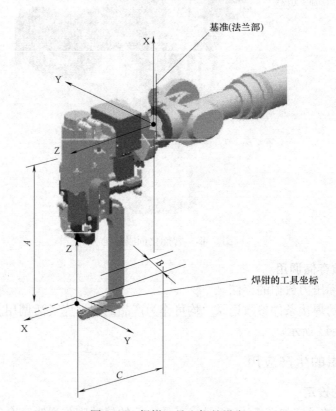

图 5-44　焊钳工具坐标的设定

2) 建立新程序，选择【R1 + S1】。

3) 示教焊接位置点时，不要接触工件，保持工件与电极距离 5 ~ 10mm，在焊接位置点程序下面登录 SVSPOT 焊接命令。

4）登录 SVSPOT 命令。按下【./SPOT】键登录，SVSPOT GUN#（1）PRESS#（1）WTM = 1 WST = 1。WTM 为指定焊机设定的焊接条件序号，WST 为指定焊机的启动时间。因为要在加压前启动焊机，所以需在焊机处设定预压时间。数值为 0 时，执行焊接命令同时启动焊机；数值为 1 时，一次压力执行时启动，数值为 2 时，二次压力执行时启动。

5）压力设定：【焊钳】→【焊钳压力】。

6）焊接电流、焊接时间在焊机侧设定。

7）空打动作。进行电极研磨和安装电极时，不进行焊接也要给焊钳加压的动作，SV-GUNCL（空打动作指令），按下【2/空打】键登录，SVGUNCL GUN#（1）PRESSCL#（1）。

8）电极的磨损检出，分为空打接触动作和传感器检出动作两方面。

① 空打接触动作。使固定侧电极和移动侧电极接触，读取该位置，SVGUNCL GUN#（1）PRESSCL#（1）TWC-A（空打接触动作指定程序）。

② 传感器检出动作。使移动侧电极在传感器的检出范围移动，根据该位置的读取数据，计算移动侧电极的磨损量，SVGUNCL GUN#（1）PRESSCL#（1）TWC-B（传感器检出动作指定程序）。

3. 焊钳电极帽的更换基准

焊钳电极帽上标有使用极限界限，如果打磨电极时触及使用极限界限，应更换电极帽。电极帽的消耗量为 7～8mm，例如新电极帽全长为 23～25mm，则当该电极帽变为 15～16mm 时，则要更换。此外，则更换电极帽时应使用电极更换工具，切勿用锤子等敲击电极，否则会导致轴承、滚珠螺杆等的损坏。新电极帽的尺寸如图 5-45 所示。

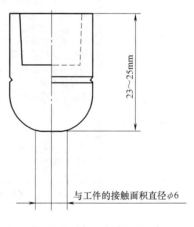

23～25mm

与工件的接触面积直径φ6

图 5-45　新电极帽的尺寸

4. 更换电极帽时的焊钳姿态

更换电极帽时，为了防止水溅到驱动单元主体，需将焊钳的姿势设定为朝下。此外，当需要固定焊钳进行使用时，也要在朝下的姿势下固定。

5. 应用案例

（1）伺服焊钳的特性文件建立　焊钳特性的特性文件是指对焊钳固有的物理特性进行描述。以安川点焊机器人为例，首先进行焊钳特性设定：【主菜单】→【点焊】→【焊钳特性】，如图 5-46 所示。

（2）特性文件制作步骤举例

1）制作假设的焊钳特性文件。以某企业机器人现场设定的特性文件数据为例，先设定一个假设的值，如图 5-47 所示。

在制作假设的特定文件中，"脉冲与形成的转换"是按照实际焊钳的开度设定的，通过示教盒的操作，设定适宜的焊钳开度。用示教盒读取焊钳轴电动机的编码器脉冲值。具体做法是：闭合焊钳，开度为零，记录实际脉冲值，再按"4096"个脉冲每 10mm（实际的焊钳丝杠节距）计算其他行程与脉冲对应关系。"转矩与压力的转换"是现场机器人中的抄录值，如图 5-48 所示。

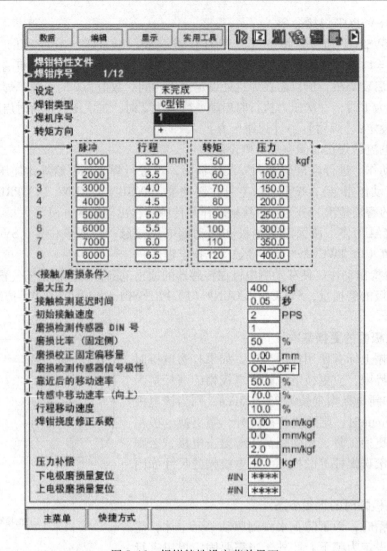

图 5-46　焊钳特性设定菜单界面

注：如果没有对焊钳特性进行描述，伺服焊钳不能够执行空打、焊接等命令。

　　闭合焊钳时，外部轴的当前脉冲值是 90037，按照"4096"个脉冲为每 10mm（实际的丝杠节距）计算，得出实际的 10mm、20mm、50mm、100mm 和 200mm 的对应脉冲值。制作假设的焊钳特性文件时需要注意的是，最大转矩的压力要足够大，否则在测量实际转矩压力过程中会出现报警。

　　2）测量焊钳的转矩与压力转换的数据。制作完假设的特性图后，就可以执行空打和焊接命令，然后制作输入转矩与压力转换的数据。要通过 kgf（1kgf = 9.8N）数值指定压力，需要把焊钳轴电动机的转矩（%）与压力（kgf）的关系进行数据输入。

　　① 在【空打压力文件】中设定压力，此时的压力单位用转矩（%）指定。

　　② 在程序中登录 SVGUNCL 命令，用步骤①指定设定的空打加压文件。

　　③ 执行程序，用加压计测量焊钳的压力。

　　④ 对不同的压力重复以上 3 个步骤，得出 8 组转矩和压力的数据（转矩为 40%、60%、

70%、90%、100%、110%、120%和130%，根据实际需要确定转矩）。

⑤ 将8组数据输入到焊钳特性文件的"转矩与压力转换"中，如图5-49所示。

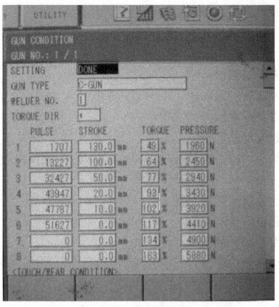

图 5-47　生产现场的焊钳特性文件

注：PULSE—脉冲数（个）　　STROKE—丝杠节距（mm）

TORQUE—焊钳轴电动机的转矩（%）　　PRESSURE—指定压力（N）

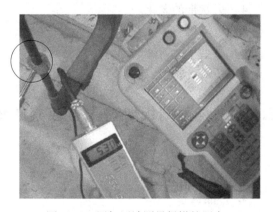

图 5-48　"转矩与压力的转换"特定文件　　　　图 5-49　用加压计测量焊钳的压力

3）设定"接触/磨损条件"，按照现场实际测量和需要的最大压力和焊钳物理特性资料填写。

5.7.6　伺服焊钳的保养和点检

1. 随时点检

1）当电极帽的顶端变形或者扩大时，应进行打磨，并将顶端形状打磨成接近原型的形状。

2）当电极帽的磨损量最大为8mm，应在这个范围内更换新电极。

3）当焊钳的各个部位发生异常发热（70℃以上）时，应确认冷却水量。

2. 日常点检

1）确认冷却水系统部有无漏水。

2）确认电源部分有无破损，以及是否沾上水。

3）用流量计确认冷却水流量是否充足。

3. 每周点检

1）焊钳主体、仪表等的点检清洁。

2）二次侧导通部分螺栓的加固。

3）一次侧供电部以及各配线类的点检。

4）电极帽是否对芯的点检。

5）软连接的折断状况点检，当软连接的 1/4 ~ 1/3 以上破损断裂时，则需要更换新件。

4. 月度点检

1）焊钳各部分螺栓的紧固状况点检。

2）焊接的焊点位置点检。

3）去除焊渣、焊钳各部分的清扫。

4）通过目测对驱动单元的活塞杆进行点检。

5）加压力检查。

5. 半年度点检

1）使用 500V 绝缘电阻表对绝缘电阻进行点检。

2）冷却水量测定。

3）各部位润滑。

4）齿状带的老化。

5）电动机声音检查。

6）驱动单元的插塞式消声器的清洁。

7）传动带张紧力的检查。

5.8　电梯层门板机器人点焊系统集成方案

5.8.1　系统构成

1. 产品信息

1）产品名称：电梯层门。

2）产品图示及规格：电梯层门工件，如图 5-50 所示。

工件数据及焊点：长为 625mm，宽为 40mm，高为 2016mm，毛重为 15.6kg，焊点数为 8 个。

2. 现场环境信息

使用温度：5 ~ 45℃；环境湿度：< 95%；电源电压：380V/220V ± 10%，50Hz；压缩空气

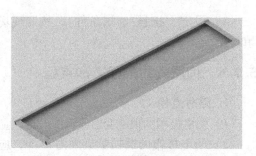

图 5-50　电梯层门

源：0.50~0.7MPa；冷却水：流量为 12 L/min，压力为 0.2~0.4MPa，温度为 5~20℃。

3. 系统布局图

1）系统空间尺寸：长 8000mm，宽 5500mm，高 3500mm。系统布局三维视图如图 5-51 所示。

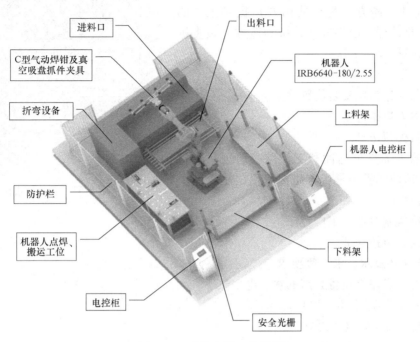

图 5-51　系统布局三维视图

2）系统主视图如图 5-52 所示。

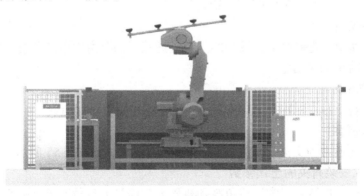

图 5-52　系统主视图

3）系统俯视图，如图 5-53 所示（参见配套光盘视频-(29) 单机器人配两种执行机构）。

4. 系统构成

系统由一台工业机器人（一台机器人带两套执行机构）、一套 C 型气动点焊钳、一套真空吸盘抓件夹具、一套气动夹具、一套点焊变压器、一套点焊控制器、一套冷水机、一套点焊线缆包、一套机器人与 PLC 接口、一套敞开式围栏及电气控制系统构成。机器人系统在制作方案和设计时，先在计算机上进行三维仿真模拟，以保证焊点的可达位置及机器人的工作节拍分析。

5. 设计及模拟

（1）设计 需方（生产使用方）提供工件的3D模型和2D图样，由供方（设备制造方）负责机器人工位的模拟设计工作。

（2）模拟

1）机器人选型及安装位置确定。

2）机器人焊钳选型。

3）抓具模拟仿真。

4）机器人焊点可达性和工作路径验证，模拟确认机器人运动过程中是否有碰撞产生，是否需要修改夹具的设计。

5）虚拟编制机器人工作程序。

6）机器人节拍验证。

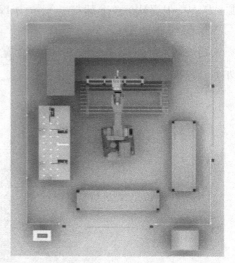

图 5-53 系统俯视图

6. 工作现场及水、电、气要求

1）需方负责提供设备必需的水、电、气。

2）车间工作温度：0 ~ 40℃。

3）湿度：≤90%（不结露）。

4）电源：AC 380V ± 10%，50Hz。

5）压缩空气压力：0.4 ~ 0.6MPa。

6）循环冷却水压力：（3.0 ± 0.5）MPa。

7. 气源工作界面

气源工作界面中，连接机器人设备的气源过滤减压部分由制造商负责，气源及管道部分由用户负责，如图5-54所示。

8. 水源工作界面

焊接设备所需冷却水（净化水或蒸馏水），由需方（用户）负责。

9. 电源工作界面

动力电部分（通常为交流380V，50Hz）由需方负责，如图5-55所示。

10. 与机器人安装有关的土建参数

地基要求达到的机器人正常运行负载和机器人急停最大负载要求见表5-14。

表 5-14 机器人正常运行负载和机器人急停最大负载要求

	机器人正常运行负载	机器人急停最大负载
X、Y 轴向力	± 8.5kN	± 20.4kN
Z 轴向力	−15kN ±9kN	−15kN ± 20kN
X、Y 轴向力矩	± 20.1kN · m	± 45.2kN · m
Z 轴向力矩	± 5.1kN · m	± 10.6kN · m

图 5-54　气源工作界面

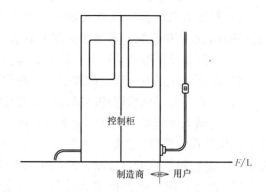

图 5-55　电源工作界面

5.8.2　工艺分析

1. 工艺流程

将待点焊工件堆叠放置在上料架上，操作人员起动设备电源，打开电控柜触摸屏，检查各工位是否正常等，使设备进入点焊搬运准备状态，接着按如下操作：

1）操作人员按下预约按钮。

2）机器人利用真空吸盘抓件夹具从上料架抓取门板底板至折弯设备进料口处。

3）门板底板经折弯机折弯后从出料口送出，机器人抓取折弯后的门板至点焊区气动夹具上，气动定位夹紧。

4）机器人真空吸盘抓件夹具脱离门板，机器人第六轴旋转使 C 型焊钳适合点焊姿势，进行点焊。

5）完成点焊后，机器人抓取门板至下料架处放置，依次循环。

2. 节拍计算

生产节拍计算如下：

1）电梯层门的焊接面如图 5-56 所示。

2）从机器人开始动作到机器人开始点焊所需时间：28s；点焊数：8 点；点焊时间：8（焊点数）×2s（点焊时间）= 16s；跳转时间：8（焊点数）×1s（跳转时间）= 8s；从机器人点焊完成到机器人回到初始位置所需时间：14s；节拍：（28 + 16 + 8 + 14）s = 66s。

注：机器人实际可焊的焊点需要客户提供确切的焊点分布图，进行模拟验证，门板折弯时间由现场设备加工需要确定。

5.8.3　电气控制系统

门板机器人点焊工位的机器人实现自动点焊，自动点焊前均由人工识别门板型号并对门板型号进行识别确认，传输到工位的门板型号与机器人最终执行加工程序对应的门板型号必须一致。

图 5-56　电梯层门的焊接面

1）采用触摸屏，用于点焊夹具、机器人、点焊系统的信息显示及故障诊断。

2）机器人系统包括机器人本体，机器人控制柜（集成点焊控制箱），点焊的水、电、气辅助接通及防护装置，彩屏触摸式示教器。

3）控制系统具有自动控制、检测、保护、报警等功能。

4）控制系统灵敏可靠，故障少，且操作和维护方便。

5）具有通知定期检修和出错履历记忆功能。

6）机器人控制器采用图形化菜单显示，彩色示教盒（触摸屏），中英文双语切换显示，提供实施监视。具有位置软、硬限位，门开关，过电流，欠电压，内部过热，控制异常，伺服异常，急停等故障的自诊断、显示和报警功能。

7）运动控制：包括机器人本体的运动控制、外部轴协调运动控制和周边作业装置控制。

8）控制装置的主要功能：示教盒编程示教；点位运动控制、轨迹运动控制；四种坐标系（关节、直角、工具、工件坐标系），同时具有相对坐标系、坐标平移和旋转功能；具有编辑、插入、修正和删除功能；直线、圆弧设定及等速控制。

9）所有电气元件采用名牌产品，确保系统稳定可靠工作。

10）焊钳选用 C 型气动焊钳。

11）为了维护方便及保证人的安全，在每个工位二侧设有安全门，安全门有电子锁开关。当在机器人点焊过程中，有人打开安全门时，夹具及机器人不动作，并报警。

12）为了保证设备的安全，设备有压力检测开关，当压力低于设定值时，夹具及机器人不动作，并报警。

13）为了保证设备的安全，设备有冷却水流量检测开关，当冷却水流量低于设定值时，机器人不点焊，并报警。

5.8.4　夹具机构

点焊系统夹具为气动夹具，在保证强度的前提下设计为快速装卸的方式，且减少对点焊位置的遮挡。点焊夹具的设计力求模块化和标准化，确保各单元相对位置的稳定性，如图5-57所示。

图 5-57　点焊气动夹具机构

5.8.5 点焊机器人套件

1. 外置式点焊电缆套件（型号 IRB6640）

Spot Pack 基本点焊包主要配置如下：点焊缆线套件；集成水、气模块；数字调节比例阀；底座信号、介质接入模块；底座点焊电源接入模块，如图 5-58 所示。

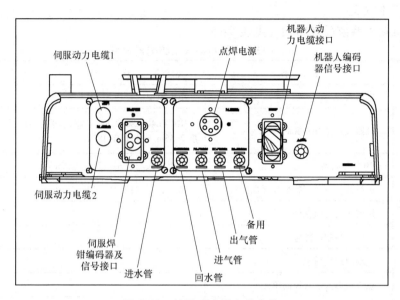

图 5-58　外置式点焊电缆套件

点焊电缆套件是功能完善、经过严格测试和使用基础的标准化产品，设计合理、规范，外观整齐美观。

2. 内置式点焊电缆套件

1）工具电缆外层由 PUR 保护。

2）第 1 轴可自由运动。

3）轴 2 前方有全部工作空间。

4）极大改善了 4、5、6 轴的工作空间。

5）电缆可随第 6 轴旋转。

6）结构紧凑，更换快速，减少了前臂安装的部件，更加轻巧、方便的外部接口，超过 6000h 的 MTBF（即平均故障间隔时间，是衡量一个产品（尤其是电器产品）的可靠性指标）。

3. 系统水、电、气输入模块

机器人点焊系统的水、电、气、开关、阀组等各种接口均是集成整合后简单而规则的标准化产品，使用寿命长，而且维修快速简单。

1）配备控制焊枪压力的数字调节比例阀。

2）配备水温、流速、压力的监测和控制。要求入水口压力不低于 0.2MPa，水温不大于 30℃，水质洁净，水的电阻率在 5kΩ·cm 以上。对重要设备或部件应采用蒸馏水闭路循环并配以制冷系统，北方地区冬季下班后应将管道内的水排放干净，防止冻裂。进水管道与选用内径 10 ~ 12mm 的管子，排水宜选用内径为 25mm 的管子。

3）配备气压的监测和控制。工作时的最高压力为 0.5MPa，故应选用气源的压力 0.6MPa，耗气量以焊接的频率进行计算。为稳定气源压力，必要时应增设气罐，当要求压力波动小于 5% 时，气罐的容量应为一个使用循环耗气量的 20 倍。在气路管道中还可接入气水分离装置，以便去除压缩空气中的水分等。

4）配备气体处理。

4. 点焊机器人系统配置明细（见表 5-15）

表 5-15　点焊机器人系统配置明细

序　　号		名　　称	规　　格	数　　量
1		机器人	IRB 6640	1
	1.1	机器人本体 IRB 6640	IRB 6640-180/2.55 工业机器人，臂展 2.55m，有效负载 180kg	1
	1.2	IRC5 控制器	带机器人与控制柜间电缆（7m）	1
	1.3	示教器（中/英互换操作界面）	带示教器与控制柜间电缆（10m）	1
	1.4	机器人防碰撞软件		1
	1.5	机器人控制软件包		1
	1.6	气动点焊线缆包		1
	1.7	点焊机器人水气控制单元		1
	1.8	机器人底座		1
2		点焊系统		1
	2.1	C 型气动焊钳		1
	2.2	点焊控制器		1
	2.3	点焊变压器		1
	2.4	点焊编程器		1
	2.5	真空发生器		1
	2.6	真空吸盘抓件夹具		1
3		工作台及夹具		1
	3.1	焊接夹具	气动元件及传感器	1
	3.2	焊接工作台		1
4		围栏		1
5		冷水机		1
6		安全光栅	带电子锁	1
7		电气控制系统		1
8		系统安装、集成及调试		1
9		运输及保险		1
10		培训		1

5.9　汽车车门点焊方案

5.9.1　车门工件及加工要求

工件模型见表5-16。

表5-16　工件模型

模　　型	焊　缝　说　明
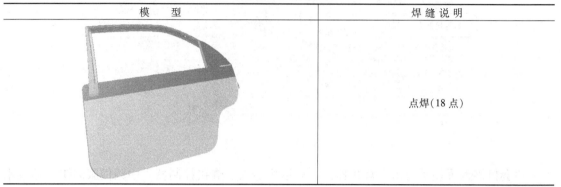	点焊(18点)

1）工件材质：碳钢板。

2）工件尺寸：设计图样。

3）工件厚度：1～3mm。

4）工件要求：工件的各个零部件间重复定位精度须在 -0.3mm～+0.3mm；工件一致性误差组对间隙应小于0.3mm；工件表面无毛刺、无油污、无涂层等表面附着物及其他异物。

5）项目名称：机器人自动抓取车门中频点焊柔性系统(参见配套光盘视频-(4)搬运与点焊)。

5.9.2　车门点焊系统构成

系统构成三维模型图（长×宽＝7m×5m），如图5-59所示。

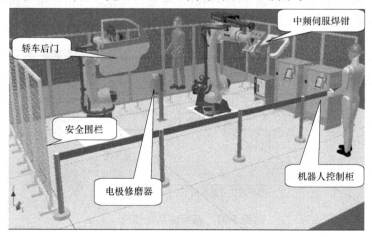

图5-59　系统构成三维模型图

系统俯视图，如图 5-60 所示（参见配套光盘视频-（30）双机器人点焊案例）。

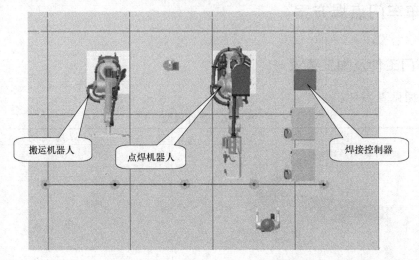

图 5-60　系统俯视图

该套机器人焊接系统由点焊机器人、搬运机器人、焊接控制器、中频伺服焊钳、焊枪水冷系统、电极修磨器等设备构成。

中频伺服焊钳的张开程度是由机器人精确控制的，机器人在进行点与点之间的移动过程，焊钳就可以开始闭合；而焊完一点后，焊钳一边张开，机器人就可以一边位移，不必等机器人到位后焊钳才闭合或焊钳完全张开后机器人再移动；焊钳张开度可以根据工件的情况任意调整，只要不发生碰撞或干涉，尽可能减少张开度，以节省焊钳开合所占的时间。焊钳闭合加压时，不仅压力大小可以调节，而且在闭合时两电极是轻轻闭合，从而减少撞击变形和噪声。

5.9.3　焊接原理图

采用一套超声波信号发生装置，将 USP（信号处理器）传感部件安装在焊钳上，通过装在伺服焊钳上的发射端和接收端与样本曲线信号进行比较，对实际电流值进行调整，以获得最佳的焊接效果。超声波系统原理如图 5-61 所示。

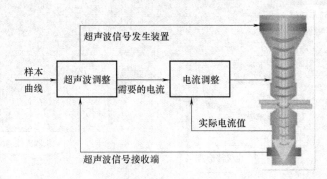

图 5-61　超声波系统原理

应用中频控制器焊接原理示意图如图 5-62 所示。

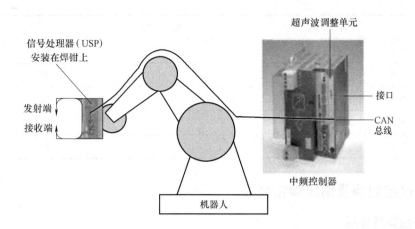

图 5-62　应用中频控制器焊接原理示意图

5.9.4　机器人系统部件明细

系统部件明细见表 5-17。

表 5-17　系统部件明细

序　号		名　称	规　格	单　位	数　量
1	点焊机器人	1.1　机器人本体	KR-180	套	1
		1.2　机器人线缆		套	1
		1.3　机器人控制柜	KRC4	套	1
		1.4　smartPAD 示教器		套	1
		1.5　KUKA 专用 U 盘		套	1
2	搬运机器人	2.1　机器人本体	KR-60	套	1
		2.2　机器人控制柜	KRC4	套	1
		2.3　smartPAD 示教器		套	1
		2.4　机器人线缆	7m	套	1
		2.5　KUKA 专用 U 盘		套	1
3	协调组件	3.1　Robot Team1.0 软件		套	1
		3.2　Robot Team1.0 网关		套	1
		3.3　Robot Team 通讯接口		套	1
		3.4　2 台控制柜连接电缆	15m	套	1
4	焊接系统	4.1　焊接控制器	STV-31	套	1
		4.2　变压器		套	1
		4.3　中频伺服焊钳		把	1
		4.4　强制冷却水箱		套	1
		4.5　水气单元		套	1
		4.6　电极修磨器	CDK-R-400	套	1
5	周边设备	5.1　机器人底座		套	2

（续）

序　号		名　　称		规　　格	单　位	数　量
5	周边设备	5.2	安全围栏		套	1
		5.3	系统集成		套	1
6	服务	6.1	安装调试及培训		次	1
		6.2	编程		次	1
7	其他	7.1	运输及保险		次	1

5.9.5　焊接控制器及伺服焊钳规格

1. 焊接控制器外形

焊接控制器（点焊控制器）的型号：ST21（标准型），其外形如图 5-63 所示。

图 5-63　焊接控制器外形

2. 焊接控制器技术参数（见表 5-18）

表 5-18　焊接控制器技术参数

名　　称	规　　格
型号	ST21（标准型）
构造	箱型密闭式
控制方法	全数字控制同步
外形尺寸	(W)320×(D)470×(H)960
质量	约17kg
电流控制	恒流控制,由电流互感器提供一次电流反馈直接设定范围2000～60000A(每步100A),一次电流50～1500A
电压控制	恒压控制,百分比设定范围25%～100%
增步控制	增步设定(最多):16 步
输入/输出	电磁阀规格:DC24V,额度电流:0.5A

3. 伺服焊钳及焊接变压器

C 型伺服焊钳及焊接变压器如图 5-64 和图 5-65 所示。

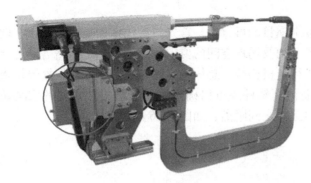

图 5-64　C 型伺服焊钳

图 5-65　焊接变压器

4. 焊接变压器规格

焊接变压器规格及设备技术参数见表 5-19 和表 5-20。

表 5-19　焊接变压器规格

项　　目		变压器规格	
焊接变压器	焊接变压器类型	逆变变压器	交流变压器
	型号	NI110H-610	RT＊＊＊H.4＊＊
	额定容量	110kV·A	30~100kV·A
	使用频率	1kHz	50Hz 或 60Hz
	一次电压	600V	400V
	二次电压	13V	5~13.3V
	允许表面温度	Max343K(70℃)	
	供给冷却水量	6L/min	4L/min
	重量	27.5kg	30~51kg
最大电流		18000A±10%	—
等价连续电流		—	4250~5600A
允许使用率		10%（依据二极管的容量而异）	—

表 5-20　设备技术参数

供电电压	三相交流 380V
电力消耗	50V·A 不焊接时
频率	50/60Hz 通电时自动选择
温度	0~50℃
湿度	90%＜（不冷凝）
冷却水	进口 30℃或更低,流量:6L/min,最大水压:0.3MPa

5.10　离线编程技术在机器人点焊中的应用

机器人离线编程技术具有不影响机器人工作，并可通过仿真试验程序能够实现复杂运动轨迹的编程等优点，该技术已成为机器人应用领域的发展趋势。

5.10.1　机器人选型和场地布置

离线编程技术能在资本投入之前，鉴别项目的可行性。首先，离线编程技术有助于在软件环境中确定项目方案，例如，依据生产节拍及场地空间的要求，确定一个工作站需要几台机器人来完成点焊工作、机器人是否需要行走机构等。总体方案确定之后，可以根据焊钳重量、工件大小确定点焊机器人选型。借助仿真软件还可以确定机器人与工件之间的安装位置，包括确定机器人底座高度、机器人与工件之间距离，如图 5-66 所示。

图 5-66　点焊工作站布置

这台点焊机器人工作站需要兼顾三套工件，在确定夹具位置时，首先利用仿真软件自带的可达性显示功能，图中阴影的部分即为机器人可达到的区域，以此为参考初步布置工件位置。当焊钳确定之后，再逐一验证工件上焊点的可达性，确定工件的最终位置。这样的前期工作可靠性很高，不会出现由于机器人和工件位置布置不合理，而造成现场示教时焊点无法达到的情况发生。

5.10.2　焊钳选型与焊点可达性验证

在离线编程技术出现之前，焊钳的选型和焊点可达性验证是通过对工件和夹具的数模进行分析，主要依靠经验完成，焊钳通常使用标准件。这样的焊钳选型和焊点可达性验证存在一定的风险，常出现焊钳与夹具、工件产生干涉的情况，焊钳需要经过反复修改才能达到要求。使用离线编程技术可以有效避免类似情况的发生。利用仿真软件，可以对每一个焊点和程序过渡点进行可达性和干涉性验证，当出现干涉情况时，可以非常直观并有针对性地对焊钳钳口形状、喉深和喉宽等参数进行修改，直至确定出适合工件上所有焊点的专用非标焊钳。如图 5-67 所示为汽车座椅点焊项目中为适应工件特制的焊钳。该焊钳的固定极和活动极经过反复修改和验证后，能够满足该工件所有焊点的需要。

5.10.3　路径优化

点焊项目中，一台机器人的焊点很少集中分布在同一区域，机器人需要通过变换几种姿态才能完成全部焊接工作。如何使机器人在尽量少的姿态变化中完成预定工作，同时又能在焊接过程中避让开与相邻机器人的干涉，这就需要不断优化焊接路径。在现场由于受到调试时间和调试安全性限制，很难通过调整机器人打点顺序来寻找最优路径，而在计算机中使用离线编程技术来优化

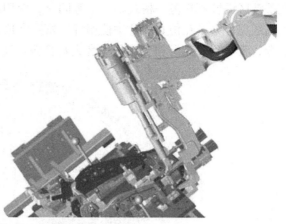

图 5-67　焊钳选型

焊接路径则变得容易很多。在计算机软件中可以直观地了解工作站中各台机器人的打点位置，从而安排打点先后顺序，避免两台机器人同时出现在同一区域，造成互相等待耽误节拍。白车身地板线焊接时的焊接路径，如图 5-68 所示（参见配套光盘视频-(24) 自动变位点焊 3D 动画）。

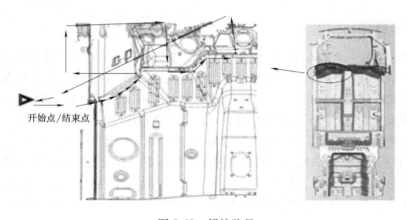

开始点/结束点

图 5-68　焊接路径

5.10.4　干涉区设置

对于白车身进行点焊，一个工作站内通常有 4 台甚至更多台机器人，工作时机器人之间的干涉很难避免，如图 5-69 所示。

当机器人 1 和机器人 2 同时对立柱进行焊接时，两台机器人会发生干涉。通过路径优化，使机器人 2 先通过干涉区，这样机器人 1 和机器人 2 同时工作时不会发生干涉。但是当机器人 2 在工作中发生故障停在干涉区中时，后进入干涉区的机器人 1 就会与机器人 2 发生碰撞，发生事故。因此，通过优化路径可以节约生产节拍，而机器人之间的安全性就需要通过干涉区设置来保障。尤其是当机器人比较多、焊点分布区域广、干涉区重叠时，有的干涉区不能通过路径优化避免，而必须让其中一台机器人等待，在这些情况下干涉区设置成为点焊项目调试中不可或缺的环节。使用离线编程技术之前，干涉区由示教人员在现场设置，存

在干涉区设置不规范、格式不一致等问题；使用离线编程技术之后，点焊项目干涉区的设置由离线编程人员在仿真软件中使用统一格式完成，并经过反复验证，既保证了机器人之间的安全，又做到路径最佳（参见配套光盘视频-（30）双机器人点焊案例）。

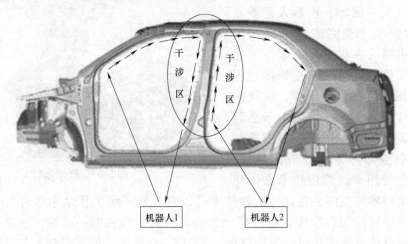

图 5-69　机器人的干涉区

5.10.5　编写程序

离线编程技术的一大特点就是在离线环境下，生成机器人程序。与在线编程相比，离线编程具有减少机器人停机时间、使编程者远离危险的工作环境和便于修改机器人程序等优点。而且随着离线编程技术的发展，仿真软件在离线时可以直接生成点焊命令和点焊的各个参数，包括间隙文件序号、伺服焊钳序号、压力条件文件序号、焊接条件序号、焊机启动时序和焊接条件组输出，节省了现场输入这些参数的时间。离线程序的生成过程如图 5-70 所示，图 5-70 中左上角的对话框显示机器人的动作姿态，可以通过六个轴的脉冲值或者工具尖端点的空间坐标值来显示。通过调整脉冲值或者坐标值，能够使机器人达到需要的姿态，完成预定的工作。图 5-70 中左下角的对话框用 INFORM 语言记录移动命令和此时的脉冲值，由此生成机器人程序。

5.10.6　预测节拍

运行离线程序时，仿真软件能够记录机器人的运动时间，如图 5-71 所示。与实际情况比较，软件中运动时间的误差小于 5%。在离线技术出现之前，往往只能通过焊点数目估算机器人的动作节拍，所带来误差比较大，而使用离线编程技术预测节拍，对把握整个生产节奏，预测产量很有帮助（参见配套光盘视频-（31）汽车侧围及顶盖焊装线）。

5.10.7　在线应用

编写离线程序的最终目的是在线应用，在线使用离线程序面临的主要问题是安装误差对程序精度的影响。现场安装与图样一致时，离线程序可以直接使用。如果现场机器人与工具的相对位置和安装图样差距较大，离线程序不能直接使用，需要找出安装误差的数值，以此对点焊程序进行平移校准，对平移校准后的程序进行微调后即可使用。

在线使用离线程序最大的优点在于离线编程的整体规划性。在整体上把握点焊机器人的路径、姿态和干涉区之后，可以提高示教质量，节约现场示教时间，提高示教的工作效率。据统计，使用离线程序示教，与以往现场示教相比，平均节约 80% 的示教时间。

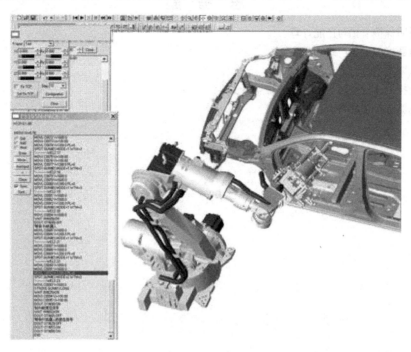

图 5-70　离线程序的生成过程

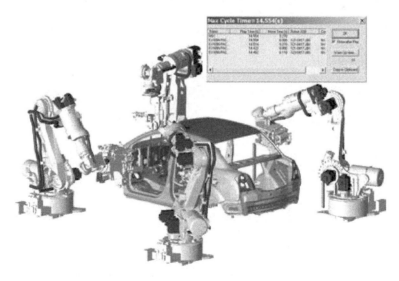

图 5-71　运动时间显示

综上所述，借助离线编程技术，可以在软件环境中合理分配工艺、模拟焊钳选型和站内布局、优化焊接顺序和干涉区设置、预测生产节拍等，通过离线编程技术将技术难题解决在现场调试之前，使整个项目的各个环节得以并行开展。现场只需将离线程序进行微调和再现验证便可投入使用。克服了现场示教编程大量占用调试时间的不足，使程序得以规范化，提高了现场的调试速度和针对客户需求的响应速度，也提高了项目质量。

思 考 题

1. 举例说明焊接节拍与产能计算。
2. 简述机器人柔性生产线的特点。
3. 为什么要设定机器人干涉区域？
4. 中频焊接相比较工频焊接有哪些特点和优势？
5. 简述伺服点焊钳的特点和功能。

第6章 示教编程命令及错误代码

6.1 示教编程命令

6.1.1 移动命令

示教编程移动命令见表6-1。

表6-1 示教编程移动命令

MOVJ	功　能	以关节插补方式移动到示教位置	
	附加项	位置数据 基座轴位置数据 工装轴位置数据	画面中不显示
		VJ =（再现速度）	VJ:10.00% 至 100.00%
		PL =（位置等级）	PL:0 ~ 8
		NWAIT	
		UNTIL 条件	
		ACC =（加速度调整比率）	ACC:10.00% ~ 100.00%
		DEC =（减速度调整比率）	DEC:10.00% ~ 100.00%
	使用举例	MOVJ　VJ + 50.00　PL = 2　NWAIT　UNTIL　IN#(16) = ON	
MOVL	功　能	以直线插补方式移动到示教位置	
	附加项	位置数据 基座轴位置数据 工装轴位置数据	画面中不显示
		V =（再现速度） VR =（姿态的再现速度） VE =（外部轴的再现速度）	V:0. 1 ~ 1500. 0mm/s 1 ~ 9000. 0cm/min VR:(0. 1° ~ 180. 0°)/s VE:0. 01 ~ 100. 00%
		PL =（位置等级）	PL:0 ~ 8
		CR =（圆角半径）	CR:1. 0 ~ 6553. 5mm
		NWAIT	
		UNTIL 条件	
		ACC =（加速度调整比率）	ACC:20 ~ 100.00%
		DEC =（减速度调整比率）	DEC:20 ~ 100.00%
	使用举例	MOVL　V = 138　PL = 0　NWAIT　UNTIL　IN#(16) = ON	

（续）

	功　能	用圆弧插补方式移动到示教位置	
MOVC	附加项	位置数据 基座轴位置数据 工装轴位置数据	画面中不显示
		V =（再现速度） VR =（姿态的再现速度） VE =（外部轴的再现速度）	与 MOVL 相同
		PL =（位置等级）	PL:0 ~ 8
		NWAIT	
		ACC =（加速度调整比率）	ACC:20 ~ 100.00%
		DEC =（减速度调整比率）	DEC:20 ~ 100.00%
	使用举例	MOVC　V = 138　PL = 0　NWAIT	
	功　能	用自由曲线插补方式移动到示教位置	
MOVS	附加项	位置数据 基座轴位置数据 工装轴位置数据	画面中不显示
		V =（再现速度） VR =（姿态的再现速度） VE =（外部轴的再现速度）	与 MOVL 相同
		PL =（位置等级）	PL:0 ~ 8
		NWAIT	
		ACC =（加速度调整比率）	ACC:20 ~ 100.00%
		DEC =（减速度调整比率）	DEC:20 ~ 100.00%
	使用举例	MOVS　V = 120　PL = 0　NWAIT	
	功　能	从当前位置起以直线插补方式移动所设定的增加部分	
IMOV	附加项	P〈变量号〉 BP〈变量号〉 EX〈变量号〉	画面中不显示
		V =（再现速度） VR =（姿态的再现速度） VE =（外部轴的再现速度）	与 MOVL 相同
		PL =（位置等级）	PL:0 ~ 8
		NWAIT	
		BF,RF,TF,UF#（〈用户坐标号〉）	BF:基座坐标 RF:机器人坐标 TF:工具坐标 UF:用户坐标
		UNTIL 条件	
		ACC =（加速度调整比率）	ACC:20 ~ 100.00%
		DEC =（减速度调整比率）	DEC:20 ~ 100.00%
	使用举例	IMOV　P000　V = 138　PL = 0　RF	

（续）

REFP	功　能	设定摆动壁点等参考点	
	附加项	〈参考点号〉	摆动壁点 1:1 摆动壁点 2:2
		位置数据 基座轴位置数据 工装轴位置数据	画面中不显示
	使用举例	REFP　1	
SPEED	功　能	设定再现速度	
	附加项	VJ =〈关节速度〉 V =〈控制点 TCP 速度〉 VR =〈姿态角速度〉 VE =〈外部轴速度〉	VJ:同 MOVJ V,VR,VE:同 MOVL
	使用举例	SPEED　VJ = 50. 00	

6. 1. 2　输入／输出（I/O）命令

机器人输入输出 I/O 命令见表6-2。

表 6-2　机器人输入输出 I/O 命令

DOUT	功　能	进行外部轴输出信号的 ON、OFF	
	附加项	OT#(〈输出号〉) OT#(〈输出组号〉) OG#(〈输出组号〉) 输出信号的地址数:OT#(xx) = 1;OGH#(xx) = 4 (每组);OG#(xx) = 8(每组) OGH#(xx)无奇偶性校验,只进行二进制指定	
		FINE	精密
	使用举例	DOUT　OT#(12)　ON	
PULSE	功　能	输出脉冲信号,作为外部输出信号	
	附加项	OT#(〈输出号〉) OGH#(〈输出组号〉) OG#(〈输出组号〉)	
		T =(时间〈s〉)	0. 01 ~ 655. 35s 无特殊指定为 0. 30s
	使用举例	PULSE　OT#(10)　T = 0. 60	
DIN	功　能	把输入信号读入到变量中	
	附加项	B〈变量号〉	
		IN#(〈输入号〉) IGH#(〈输入组号〉) IG#(〈输入组号〉) OT#(〈通用输出号〉) OGH#(〈输出组号〉) OG#(〈输出组号〉) SIN#(〈专用输入号〉) SOUT#(〈专用输出组号〉) 输入信号地址数:IN#(xx) = 1;IGH#(xx) = 4(每组);	

（续）

DIN	附加项	IG#(xx)=8(每组) 输出信号地址数:OT#(xx)=1;OGH#(xx)=4(每组);OG#(xx)=8(每组) IGH#(xx)和OGH#(xx)无奇偶性校验,只进行二进制指定	
	使用举例	DIN　B016　IN#(16) DIN　B002　IG#(2)	
WAIT	功　能	待机,至外部输入信号与指定状态相符	
	附加项	IN#(〈输入号〉) IGH#(〈输入组号〉) IG#(〈输入组号〉) OT#(〈通用输出号〉) OGH#(〈输出组号〉) SIN#(〈专用输入号〉) SOUT#(〈专用输出组号〉)	
		〈状态〉,B〈变量号〉	
		T=〈时间(s)〉	0.01~655.35s
	使用举例	WAIT　IN#(12)=ON　T=10.00 WAIT　IN#(12)=B002	
AOUT	功　能	向通用模拟输出口输出设定电压值	
	附加项	AO#(〈输出口号码〉)	1~40
		〈输出电压(V)〉	-14.0~14.0
	使用举例	AOUT　AO#(2)　12.7	
ARATION	功　能	与速度相适应的模拟输出开始	
	附加项	AO#(〈输出口号码〉)	1~40
		BV=〈基础电压〉	-14.0~14.0
		V=〈基础速度〉	0.1~150.0mm/s 1~9000cm/min
		OFV=〈偏移电压〉	-14.0~14.0
	使用举例	ARATION　AO#(1)　BV=-10.00　V=200.0　OFV=2.00	
ARATIOF	功　能	与速度相适应的模拟输出结束	
	附加项	AO#(〈输出口号码〉)	1~40
	使用举例	ARATIOF　AO#(1)	

6.1.3　控制命令

机器人控制命令见表6-3。

表6-3　机器人控制命令

JUMP	功　能	跳转到指定标号或程序	
	附加项	*〈标号字符串〉,JOB:〈程序名称〉,IG#(〈输入组号〉),B〈变量号〉,I〈变量号〉,D〈变量号〉	
		UF#(用户坐标号)	

（续）

JUMP	附加项	IF 条件	
	使用举例	JUMP　JOB:TEST1　IF　IN#（14）= OFF	
*（标号）	功　　能	表示跳转的目的	
	附加项	〈跳转目的地〉	半角 8 个字符之内
	使用举例	*123	
CALL	功　　能	调出所指定的程序	
	附加项	JOB:〈程序名称〉,IG#（〈输入组号〉）,B〈变量号〉, I〈变量号〉,D〈变量号〉	
		UF#（用户坐标号）	
		IF 条件	
	使用举例	CALL　JOB:TEST1　IF　IN#（24）= ON CALL IG#（2） （使用输入信号的结构进行程序调用,此时不能调用程序 0）	
RET	功　　能	被调用程序返回调用源程序	
	附加项	IF 条件	
	使用举例	RET　IF　IN#（12）= OFF	
END	功　　能	宣布程序结束	
	附加项		
	使用举例	END	
NOP	功　　能	无任何运行	
	附加项		
	使用举例	NOP	
TIMER	功　　能	在指定时间内停止动作	
	附加项	T =〈时间(s)〉	0.1 ~ 655.35s
	使用举例	TIMER　T = 12.50	
IF 条件	功　　能	判断各种条件,附加在进行处理的其他命令之后使用 格式:〈比较要素 1〉= ,〈〉,〈 = 〉= ,〈,〉〈比较要素 2〉	
	附加项	〈比较要素 1〉 〈比较要素 2〉	
	使用举例	JUMP　*12　IF　IN#（12）= OFF	
UNTIL 条件	功　　能	在动作中判断输入条件。附加在进行处理的其他命令之后使用	
	附加项	IN#（〈输入号〉）	
		〈状态〉	
	使用举例	MOVL　V = 300　UNTIL　IN#（10）= ON	
PAUSE	功　　能	暂停通知	
	附加项	IF 条件	
	使用举例	PAUSE　IF　IN#（12）= OFF	

（续）

（注释）	功　能	在指定时间内停止动作	
	附加项	T =〈注释〉	半角 32 个字符以内
	使用举例	Draws　100mm　size　square	
CWAIT	功　能	等待下一行命令的执行 等待带有 NWAIT 附加项的移动命令执行完毕后,执行下一条命令	
	附加项		
	使用举例	MOVL　V = 100　NWAIT DOUT　OT#(1)　ON CWAIT DOUT　OT#(1)　　OFF MOVL　V = 100	
ADVINIT	功　能	初始化预读命令处理,用于调整访问变量数据的时间	
	附加项		
	使用举例	ADVINIT	
ADVSTOP	功　能	停止预读命令处理。用于调整访问变量数据的时间	
	附加项		
	使用举例	ADVINIT	

6.2　错误信息

错误是指使用示教编程器操作或通过外部设备（计算机、PLC）等访问时，因为错误的操作方法或访问方法，告诫操作者不要进行下面操作的警告。错误发生时，在确认错误内容后，需进行错误解除。

解除错误的方法，有如下两种：

1）按示教编程器的【清除】键。

2）输入专用输入信号（报警、错误解除）。

重要提示：错误与报警不同，即使在机器人动作过程中（再现中）发生，机器人也不停止，如图 6-1 所示。

图 6-1　告诫操作者不要进行下面操作的警告

发生多个错误时，在信息显示区显示 。激活信息显示区，按下【选择】键，可显示当前发生的错误，如图 6-2 所示。

选择【帮助】，可显示所选择错误的详细内容，选择【关闭】，关闭错误一览表，按下【清除】键，解除全部错误。

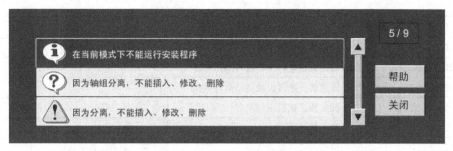

图 6-2 显示当前发生的错误

6.2.1 系统和一般操作错误

机器人系统和一般操作错误代码见表 6-4。

表 6-4 机器人系统和一般操作错误代码

错误代码	数据	错 误 信 息	内 容
10	—	关闭伺服电源后再进行操作	伺服电源接通时，不能操作
20	—	设定为示教模式	为指定外的模式
30	—	变量个数设定不正确	参数设定错误
40	—	未定义位置型变量	不能使用位置型变量
60	—	未示教三个基本点（ORG，XX，XY）	用户坐标的三个基本点（ORG，XX，XY）未登录
70	—	示教工具不一致	示教位置数据登录的工具号与示教编程器选择的工具号不同
80	—	基本点有同一点	
100	—	为恢复超程状态	
110	—	接通伺服电源	
120	—	设定为再现模式	
130	—	设定为禁止外部启动	
140	—	设定为禁止再现操作盒启动	
180	—	示教模式选择信号有效	
190	—	设定变量号	
200	—	轴组已登录	
210	—	未定义并列机器人	
212	—	此轴组组合不能登录	
230	—	软极限解除中	
240	—	未指定机器人	
270	—	未设定焊钳特性文件	
280	—	输入输出点数不足	
290		不能设定相同号码	
300		未定义用户坐标	

（续）

错 误 代 码	数据	错 误 信 息	内 容
310		设定禁止登录主程序	
320		设定禁止进行检查运行操作	
330		设定禁止进行机械锁定运行操作	
340		设定禁止执行主程序	
350	—	禁止初始化	
380	—	没有进行位置确认	第二原点位置未确认
390	—	安全继电器指定可以切断伺服电源	
410	—	不能测定时间	不能进行 TRT 功能的时间测量
420	—	示教点数错误	工具校验的示教点数不正确
430	—	登录预约启动程序	
460	—	测量时间超时	
500	—	未定义机器人间校准数据	
510	—	未定义轴	
520	—	不能选择两个协调的组合	
530	—	启动模式设定为预约启动	
550	—	设定禁止修改作业预约程序	
560	—	软极限解除中不能进行位置示教	
590	—	轴登录组	不登录轴组，不能使用协调程序的【联动】键
600	—	数据超出设定范围	
610	—	不能使用用户坐标	
620	—	选择程序（机器人）	
650	—	测量结果异常	
660	—	位置型变量的数据类型错误	
680	—	已登录了相同的数据	
	×××		文件号
700	—	CMOS 基板的类型错误	
760	—	启动条件设定错误	
770	—	机器人或工装轴动作中	
800	—	未连接指定的焊钳	
801	—	未连接指定的轴组	
810	—	伺服电源接通被限制	
820	—	超出输入范围极限	
930	—	未定义传送带校准数据	
940	—	强制加压信号输入中	
950	—	修正距离为负	
960	—	I/O 轴动作要求中	
970	—	ERRSVCPU 信号错误	

6.2.2 编辑错误

编辑错误代码见表 6-5。

表 6-5 编辑错误代码

错误代码	数据	错误信息	内容
1010	—	设定编辑锁定(EDIT LOCK)	
1020	—	请设定正确数值	
1030	—	口令错误	
1050	—	请输入正确日期	
1060	—	请输入正确时间	
1070	—	请输入 4~8 位的口令	
1080	—	不能设定负值	

6.2.3 程序登录数据

程序登录数据错误代码见表 6-6。

表 6-6 程序登录数据错误代码

错误代码	数据	错误信息	内容
2010	—	名称中有非法的字符	
2020	—	未输入名称	
2030	—	未登录程序名	
2040	—	已登录的程序名	
2050	—	未发现搜索目标	
2070		请把机器人移动到示教点位置	
2080		按【插入】或【修改】键	
2090		只能修改移动命令	
2100		程序设定为编辑锁定	
2110		超出软极限	
2120		伺服断开时不能进行插入、修改、删除	
2150		从此位置开始不能插入	
2160		此命令不能修改、删除	
2170		在同一点示教需按【插入】键	
2180		以上不能插入数值	
2210		数据设定不正确	
2220		指定命令要与行命令一致	
2240		命令公式超长	
2250	—	命令公式的括号数目不一致	
2260	—	轴组不一致	

（续）

错误代码	数据	错误信息	内　容
2270	—	以上不能插入命令	
2280	＊	存储器容量不足	
	1		位置文件存储量不足
	2		程序登录存储量不足
	3		命令文件存储量不足
	4		存储组合不足
	5		多层焊条件文件不足
2290	—	未登录主程序	
2191	＊	未登录子任务主程序	
	1		子任务 1 主程序
	2		子任务 2 主程序
	3		子任务 3 主程序
	4		子任务 4 主程序
	5		子任务 5 主程序
	6		子任务 6 主程序
	7		子任务 7 主程序
	8		子任务 8 主程序
2292	—	未登录主任务开始程序	
2293	＊	未登录子任务开始程序	
	1		子任务 1 主程序
	2		子任务 2 主程序
	3		子任务 3 主程序
	4		子任务 4 主程序
	5		子任务 5 主程序
	6		子任务 6 主程序
	7		子任务 7 主程序
	8		子任务 8 主程序
2300	—	无轴组指定的程序不能示教	
2310	＊	存在相同的标号	
	×××		行号
2340	—	没有要粘贴的数据	
2360	—	不能建立编辑缓冲区	
2370	—	不能剪切/复制 NOP 和 END 命令	
2390	—	选择轴组错误	
2400	—	剪切和粘贴中不能动作	
2430	—	没有反转数据	

（续）

错误代码	数据	错误信息	内容
2440	—	小圆动作装置返回基准位置	激光切割
2450	—	不允许关联程序	
2470	—	程序类型错误	
2480	—	坐标系不能修改	
2500	—	指定的程序不能修改位置	
2510	—	此程序不能修改位置	
2520	—	未设定程序名	
2530	—	指定的程序点不存在	
2310	*	存在相同的标号	
	×× ×		行号
2340	—	没有要粘贴的数据	
2360	—	不能建立编辑缓冲区	
2370	—	不能剪切/复制 NOP 和 END 命令	
2390	—	选择轴组错误	
2400	—	剪切和粘贴中不能动作	
2430	—	没有反转数据	
2440	—	小圆动作装置返回基准位置	激光切割
2450	—	不允许关联程序	
2470	—	程序类型错误	
2480	—	坐标系不能修改	
2500	—	指定的程序不能修改位置	
2510	—	此程序不能修改位置	
2520	—	未设定程序名	
2530	—	指定的程序点不存在	
2540	—	程序点号未设定	
2550	—	程序点号重复	
2551	—	行号重复	
2560	—	不能修改位置型变量/参考点	
2570	—	没有速度数据	
2580	—	没有位置等级数据	
2590	—	超出软极限范围	
2600	—	并行程序不能示教位置	
2610	—	程序类型错误	
2620	—	不能修改程序速度	
2630	—	未重置传送带位置	
2640	—	程序名称不正确	

（续）

错误代码	数据	错误信息	内容
2670	—	没有对象程序	
2710	—	关联程序不能脉冲平衡	
2730	—	不能登录机器人宏程序	
2740	—	不能登录并行宏程序	
2750	—	不能登录有轴组指定的程序	
2760	—	因轴组分开，不能插入、修改、删除	
2761	—	因轴分开，不能插入、修改、删除	
2770	—	SVSPOTMOV 命令不能反转	
2780	—	运算错误	

6.2.4　外部存储设备

外部存储设备错误代码见表 6-7。

表 6-7　外部存储设备错误代码

错误代码	数据	错误信息	内容
3010	—	软驱装置为连接	
3020	—	软驱中未插入软盘	
3030	—	软盘写保护	
3040	—	软盘或 CF 卡内没有指定文件	
3050	—	软盘或 CF 卡内已有指定文件	
3060	—	软盘或 CF 卡容量已满	
3070	—	软盘或 CF 卡的文件数目已满	
3080	—	软盘或 CF 卡的 I/O 错误	
3090	*	与软盘或 CF 卡间发生传送错误	
	1		框架错误
	2		超程错误
	3		奇偶错误
	4		数据代码错误
	5		读数据错误
	6		写数据错误
	7		数据暂停
	8		串行 I/O 错误
	9		其他错误
3110		语法错误	
3120	*	十六位编码错误	
	1		数据译码指定错误
	2		EOF 记录指定错误

（续）

错误代码	数据	错误信息	内容
3120	3		记录类型错误
	4		记录的标题错误
3130		校验错误	
3140		虚拟命令指定有误	
3150	*	并行 I/O 记录错误	
	1		格式错误
	2		梯形图程序太长
	3		超出数据范围
	4		逻辑号码指定错误
	5		继电器号码指定错误
	6		定时器数值错误
	7		定时器号码指定错误
3160	—	系统数据有误，不能安装	
3170	*	条件数据记录错误	
	1		格式错误
	2		指定的文件号码省略了
	3		指定的工具号码省略了
	4		用户文件未登录
3190	*	程序数据记录有误	
	1		位置数据个数（NPOS）记录的格式不对
	2		用户坐标号码（USER）记录的格式不对
	3		工具号码（TOOL）记录的格式不对
	4		位置数据记录的格式不对
	5		三维数据型机器人形态（RCONF）记录的格式不对
	6		日期（DATE）记录的格式不对
	7		注释（COMM）记录的格式不对
	8		程序属性数据（ATTR）记录的格式不对
	9		轴组（GROUP）记录的格式不对
	10		局部变量（LVARS）记录的格式不对
	11		程序引数（JARGS）记录的格式不对
	12		相对程序的示教坐标（FRAME）记录的格式不对
	13		位置数据坐标与相对程序坐标不匹配
3200	—	没有 NOP 命令或 END 命令	
3210	—	没有发现位置号码存储区	

（续）

错误代码	数据	错 误 信 息	内　　　容
3220	*	命令数据语法错误	
	2		内部控制错误
	3		未定义命令/标签
	4		命令/标签不足
	5		废弃命令/标签
	6		子命令
	7		没有命令
	8		无效命令
	9		无效标签
	10		无效字符
	11		未定义中间码
	12		中间代码不足
	13		语法堆栈溢出
	14		语法堆栈下溢
	15		排列型标签未完成标签【排列】
	16		要素型标签未完成标签【要素】
	17		未定义宏程序
	18		输入格式错误
	19		数据大小超限
	20		超出最小值
	21		超出最大值
	22		公式错误
	23		程序调用引数设定错误
	24		宏程序调用引数设定错误
	25		位置向量设定错误
	26		系统错误
	27		软键指定错误
	28		数据输入缓冲区溢出
	29		实数型数据精度错误
	30		要素格式错误
	35		【BOOL 型】数据错误
	36		【CHAR 型】数据错误
	37		【字节型】、【2/16 进制 BYTE 型】数据错误
	38		【整数型】、【10 进制 WORD 型】数据错误
	39		【2/16 进制 WOPD 型】数据错误
	40		【双精度型】、【10 进制 DWORD 型】数据错误

（续）

错误代码	数据	错误信息	内容
3220	41		【2/16 进制 DWOPD 型】数据错误
	42		【实数型】数据错误
	43		【梯形图特殊型】数据错误
	44		JCL 文本
	45		无效文本
	46		【标号名】数据错误
	47		【程序名】数据错误
	48		【字符串】数据错误
	49		【注释】数据错误
	58		检出无效命令/标签
3230	—	系统不一致	
3240	—	用途设定错误	
3250	—	此文件不能安装	
3260	—	数据太多	
3270	—	此文件不能校验	
3280	—	焊接条件文件错误（标准型/强化型）	
3290	—	未定义串行端口	
3300	—	串行端口使用中	
3310	—	协议使用中	
3350	—	存储区容量不足	
3360	—	无效文件夹	
3370	—	文件夹名不正确	
3450	—	当前安全模式下不能安装宏程序	在管理模式下安装
3460	*	CF 卡不能备份	
	1		CF 卡容量不足
	2		不能访问 CF 卡
3470	—	指定的数据库不存在	
3280	—	数据库访问错误	
3290	—	指定的数据库已存在	
3500	—	确认 CF 卡是否插入	
3510	—	不能删除文件夹,检查属性和内部文件	
3520	—	文件夹已存在	
3530	—	在当前的安全模式下不能安装	
4010	*	使用了指定外的继电器号码	
	×××		行号
4030	*	非法命令	
	×××		行号

（续）

错误代码	数据	错误信息	内容
4040	*	CUT/GOUT 命令、运算命令中有同一继电器、寄存器号码	同一继电器、寄存器多次输出使用
	×××		行号
4050	*	有未连接的继电器	
	×××		行号
4060	*	STR(-NOT)命令过多	
	×××		行号
4070	*	AND(OR)-STR 命令过多	
	×××		行号
4080	*	CNT 命令语法错误	
	×××		行号
4090	*	在块首登录 STR(-NOT)命令	需要 STR(-NOT)
	×××		行号
4120	—	存储量容量不足	超过存储量容量(10000 程序点)
4130	—	没有 END 命令	没有 END 命令
4140	—	梯形图程序不能显示	PART 命令的位置和数目等异常
4150	*	错误使用了 GSTR、GOUT 命令	GSTR 和 GOUT 命令不能一起使用
	×××		行号
4190	—	没有梯形图程序	
4220	—	TMR/CNT 命令、运算命令过多	TMR/CNT 命令、运算命令超过 100 个

6.2.5　维护模式

维护模式错误代码见表6-8。

表6-8　维护模式错误代码

错误代码	数据	错误信息	内容
8010	—	轴数过多	
8020	—	I/O 点数过多	
8030	—	XFBOIB(MASTER)基板数目过多	
8031	—	MSCOIB 基板数目过多	
8040	—	存储器错误(控制网络输出条件)	
8041	—	存储器错误(单线连接数据)	
8050	—	未登录机器人类型	
8060	—	不能获得单线连接数据	

思　考　题

1. 控制命令有哪些?
2. 输入输出命令有哪些?
3. 错误代码"3270"是什么意思?
4. 错误代码"3530"是什么意思?

参 考 文 献

[1] 刘极峰. 机器人技术基础 [M]. 北京：高等教育出版社，2006.

[2] 叶晖，管小清. 工业机器人实操及应用技巧 [M]. 北京：机械工业出版社，2010.

[3] 日本机器人学会. 机器人技术手册 [M]. 宗光华，程君实，等译. 北京：科学出版社，2006.

[4] 中国机械工程学会焊接学会，焊接手册 [M]. 北京：机械工业出版社，2001.

[5] 刘伟，周广涛，王玉松. 焊接机器人基本操作及应用 [M]. 北京：电子工业出版社，2012.

[6] 刘伟，周广涛，王玉松. 中厚板焊接机器人及传感技术应用 [M]. 北京：机械工业出版社，2013.

[7] 刘伟，林庆平，纪承龙. 焊接机器人离线编程及仿真技术应用 [M]. 北京：机械工业出版社，2014.

[8] 林尚扬，陈善本，李成桐. 焊接机器人及其应用 [M]. 北京：机械工业出版社，2000.

[9] 中国焊接协会成套设备与专用机具分会，中国机械工程学会焊接学会机器人与自动化专业委员会. 焊接机器人实用手册 [M]. 北京：机械工业出版社. 2014.

[10] 黄水儿. 焊接机器人在车身生产中的规划设计 [J]. 机电技术，2004（1）.